U0547435

贵州赤水桫椤国家级自然保护区植物多样性监测（二期）

张昊楠
刘邦友
梁　盛

主编

西南大学出版社
SWUP 国家一级出版社 全国百佳图书出版单位

图书在版编目(CIP)数据

贵州赤水桫椤国家级自然保护区植物多样性监测：二期 / 张昊楠, 刘邦友, 梁盛主编. -- 重庆：西南大学出版社, 2024. 10. -- ISBN 978-7-5697-2543-8

Ⅰ. S759.992.73

中国国家版本馆CIP数据核字第20243GG705号

贵州赤水桫椤国家级自然保护区植物多样性监测(二期)

GUIZHOU CHISHUI SUOLUO GUOJIAJI ZIRAN BAOHUQU ZHIWU DUOYANGXING JIANCE(ER QI)

主　编:张昊楠　刘邦友　梁　盛

副主编:白小节　李宗峰

责任编辑:郑祖艺

责任校对:杜珍辉

特约校对:蒋云琪

装帧设计:散点设计

排　　版:江礼群

出版发行:西南大学出版社(原西南师范大学出版社)

地址:重庆市北碚区天生路2号

邮编:400715

印　　刷:重庆亘鑫印务有限公司

成品尺寸:170 mm×240 mm

印　　张:10.75

字　　数:196千字

版　　次:2024年10月　第1版

印　　次:2024年10月　第1次印刷

书　　号:ISBN 978-7-5697-2543-8

定　　价:58.00元

编委会

前言

贵州赤水桫椤国家级自然保护区(以下也简称“保护区”)于1984年由赤水县人民政府建立,于1992年经国务院批准晋升为国家级自然保护区。保护区地处贵州省赤水中部,位于葫市镇、元厚镇境内,紧邻赤水河畔,其地理坐标为东经105°57′54″~106°7′7″,北纬28°20′19″~28°28′40″。保护区总面积为13 300 hm²,其中核心区5 200 hm²,缓冲区4 017 hm²,实验区4 083 hm²。保护区属野生植物类型自然保护区,以桫椤、小黄花茶及其生态环境为主要保护对象。保护区拥有独特的自然景观和丰富的生物多样性,主要表现为集中成片的古老孑遗植物桫椤、独特的丹霞地质地貌、典型的中亚热带常绿阔叶林、多样的野生动植物种类等。

随着保护工作的深入和社会经济的发展,生物多样性保护和经济发展的矛盾日益突出,生物多样性也面临诸多威胁。为掌握保护区内生物多样性现状与动态,加强区内资源管护和物种保育工作,强化自然保护区职能,开展生物多样性业务化监测工作是非常必要的。

2014年,以财政部和环境保护部(现生态环境部)2012年生物多样性保护专项资金支持的贵州赤水桫椤国家级自然保护区生物多样性保护示范项目为依托,保护区管理局开始系统推进区内生物多样性监测工作。受贵州赤水桫椤国家级自然保护区管理局的委托,生态环境部南京环境科学研究所根据贵州赤水桫椤国家级自然保护区的生物多样性现状和保护管理需求,编制了《贵州赤水桫椤国家级自然保护区生物多样性监测方案》(以下简称《监测方案》),并组织贵州大学、西南大学等相关单位对贵州赤水桫椤国家级自然保护区的维管植物和陆生脊椎动物等生物多样性开展业务化监测(一期),为期3年(2015—2017年),基本建立了保护区生物多样性监测体系。

至今，距离一期监测工作结束已有7年时间，为进一步摸清保护区内植物多样性最新变化情况，为保护成效评估提供数据支撑，根据《监测方案》，保护区管理局委托生态环境部南京环境科学研究所制定了保护区植物多样性监测（二期）实施方案，并组织西南大学等技术支撑单位对一期监测项目中建设的2个森林大样地、8个典型植被固定监测样地，桫椤、小黄花茶监测样地（样带），以及毛竹入侵样带开展复查和监测。最终通过数据集成和文稿统筹完成了本书。

感谢生态环境部南京环境科学研究所、西南大学生命科学学院对本研究工作的指导和帮助。感谢为本书付出辛勤劳动的各位编写人员及关心和支持本书出版的各位领导、同行，正是由于你们的辛苦付出和帮助，才使本书得以顺利完成。

由于时间仓促，植物多样性监测工作量大，涉及物种较多，如有疏虞之处敬请指正。

目录

第一章　监测区概况

第二章　监测目标及对象

第三章　工作组织

第四章　监测内容

第一章
监测区概况

1.1 地理位置

贵州赤水桫椤国家级自然保护区位于贵州省赤水市与习水县交界处，地处赤水市葫市镇、元厚镇境内，紧邻赤水河畔，地理坐标为东经105°57′54″~106°7′7″，北纬28°20′19″~28°28′40″。保护区始建于1984年，1992年经国务院批准成为国家级自然保护区，是我国第一个以桫椤及其生境为主要保护对象的国家级自然保护区。保护区总面积为13 300 hm^2，其中核心区5 200 hm^2，缓冲区4 017 hm^2，实验区4 083 hm^2。

1.2 自然环境

1.2.1 地质

保护区位于四川盆地中生代强烈坳陷的南缘斜坡地带，在地质构造上属于扬子准地台“四川台拗”的“川东南褶皱束”的一部分，在贵州境内称为“赤水褶皱束”。在构造体系上，保护区位于东西纬向构造体系与南北经向构造体系相交复合的区域，“川黔纬向构造体系”之“赤水—綦江构造带”的大白塘向斜近轴部的南翼。保护区内出露的地层主要为上白垩统夹关组地层，在东南部边缘地带还可见到侏罗系地层，岩性以砖红、紫红、棕至灰紫色厚层块状的长石、石英砂岩为主。

1.2.2 地貌

保护区位于四川盆地东南缘，介于四川盆地和黔中丘原之间的山原中山区，在历次构造运动的影响之下，现今存在东西向和南北向两组构造形迹：东西向构造自北向南分别为包括太和、旺隆构造在内的长垣坝构造带，高木顶及其向东延伸到宝源的构造线和龙爪一带的东西向构造；南北向构造从东到西有塘河—官渡构造，合江—旺隆—元厚构造带等。保护区地质构造受川黔经向构造体系和纬向构造体系的交错影响，地层下陷，剥蚀强烈，既有背斜成山、向斜成谷的顺构造地形，也有向斜成山、背斜成谷的逆构造地形。

保护区内地势呈现出东南高、西北低的特点，地面起伏较大，切割比较破碎，相对高度常达500~700 m。保护区内大面积分布着白垩系砂岩、泥岩，是贵州省内比较典型的剥蚀侵蚀红岩地形连续分布的地区。地貌类型以侵蚀剥蚀中山、低山为主，海拔多在500~1 200 m。海拔在900 m及以上的地面面积占整个保护区面积近3/4，多分布在沟溪的分水岭地带和河流的上游地区；海拔低于900 m的低山、丘陵区域多分布在河流下游的沟谷地带。由于区内高原与盆地间巨大的势能梯度，加上气候湿润，降水量较大，形成了众多河流，流水对地表侵蚀切割强烈。地貌被侵蚀切割成峡谷山地、坪状低山和丘陵，使背斜层和向斜层发生地形倒置，形成向斜成山、背斜成谷的逆构造地形。保护区内侵蚀基面降低，河床纵比降大，河流下切和溯源侵蚀强烈，存在河流袭夺现象，使河谷多呈“V”形或“U”形，峡谷套嶂谷，形成了保护区山高、坡陡、谷深的地貌特点。

赤水丹霞是青年早期丹霞地貌的代表，其面积达1 200多平方千米，是我国面积最大、发育最美丽壮观的丹霞地貌之一。保护区内峡谷、绝壁、溪流、飞瀑遍布，以高原峡谷型和山原峡谷型为主，峡谷深切，地面破碎，地势起伏大。白垩系嘉定群是赤水丹霞地貌发育最为核心的物质基础，以河湖相厚层块状红色砂岩夹粉砂岩为主，岩石坚硬，抗侵蚀性强，垂直节理发育，多发育峡谷崖壁等高大雄伟的丹霞地貌形态。侏罗系地层以紫红色或紫灰色砂岩、泥岩、页岩为主，岩性较软，抗侵蚀性弱，主要以剥蚀侵蚀红岩低山、丘陵等地貌形态为主，边坡和缓。

1.2.3 气候

保护区属中亚热带湿润季风气候区，河谷有类似南亚热带气候的特征。区内气候特点为冬无严寒，夏无酷暑，日照少，温度高，湿度大，降水充沛，云雾雨日多，垂直差异大。河谷1月平均气温7.5 ℃，极端最低气温-2.1 ℃；7月平均气温27.3 ℃，极端最高气温41.3 ℃；日平均气温大于10 ℃，积温为3 614~5 720 ℃。河谷常年基本无霜雪，全年无霜期340~350 d。区内平均降水量为1 200~1 300 mm，在温湿气流抬升的迎风坡平均降水量超过1 500 mm，夏季降水量大，春秋次之，冬季最小。4—10月降水量占全年的80%。区内谷地平均相对湿度达90%。

1.2.4 水文

保护区内主要河流有葫市沟、金沙沟、板桥沟和闷头溪4条。其中，葫市沟发源于保护区内海拔最高的葫芦坪（海拔1 730.1 m），全长26.5 km，流经空洞雷、三角塘、幺站、河栏岩、幺店子，最后于葫市镇注入赤水河。金沙沟发源于洞子岩小沟梁子，全长11.9 km。板桥沟发源于烧鸡塆梁子，全长11.8 km，流经红岩、高梯子、回龙、下红岩，于元厚镇板桥注入赤水河。闷头溪发源于甘溪，流经塘厂沟至干岩口上段，后汇入赤水河。

由于保护区内岩层的富水性，加上森林茂密、日照少、蒸发量小、夜间凝结水较多等环境条件，区内地下水资源较为丰富，径流量约为0.4 m^3/s，枯水期的径流量模数为9.1 $L/(s \cdot km^2)$。保护区内地下水主要为基岩裂隙水，泉水流量在0.000 2~0.000 5 m^3/s，泉点的水多沿砂岩、泥岩接触面与构造裂缝流出。基岩裂缝水分布于不同高度，从溪沟源头到河谷底部均有出露。虽然这些泉点单个水点的流量较小，但众多的泉点汇集起来，仍可形成丰富的水源，所以区内泉水常年不干，为枯水季节河水的主要补给源。

1.2.5 土壤

保护区内地层主要为白垩系上统夹关组和灌口组，前者为砖红、棕红和紫红色厚块状长石英砂岩与粉砂岩、泥岩互层，后者为砖红色细粒长石石英砂岩。土壤的发育深受地层与岩石性的制约，故保护区内的土壤主要为非地带性的紫色土，多为中性和微酸性，发育成熟，土层较深厚，可达50~100 cm，表土层少有或无母岩碎片，紫色土部分淋溶较弱地段也有钙质紫色土发育。

除紫色土外，海拔800 m以上地区，如大南坳、雷家坪等地，也局部分布有由紫色砂页岩残留古风化壳母质发育而成的黄壤和黄棕壤。

1.3 生物资源及主要保护对象

1.3.1 生物资源

1.3.1.1 自然植被

根据《中国植被》的分类原则、单位和系统，将保护区内的植被划分为暖性针叶林、落叶阔叶林、常绿落叶阔叶混交林、常绿阔叶林、竹林、常绿阔叶灌丛、灌草丛等7种植被型，并将其划分为37种主要群系类型。其中，暖性针叶林包括马尾松（*Pinus massoniana*）林、杉木（*Cunninghamia lanceolata*）林等群系；落叶阔叶林包括毛脉南酸枣（*Choerospondias axillaris* var. *pubinervis*）林、亮叶桦（*Betula luminifera*）林、枫香树（*Liquidambar formosana*）林、檵木（*Loropetalum chinense*）林、赤杨叶（*Alniphyllum fortunei*）林等，以及以这几种类型为建群种的混交林等共6种群系；常绿落叶阔叶混交林主要包括枫香树与常绿阔叶树种混合、栲类与落叶阔叶树种混合及楠木与落叶阔叶树种混合3种类型共5种群系；常绿阔叶林以楠木为主，它们与其他常绿树种组成阔叶混交林，包括栲（*Castanopsis fargesii*）林、甜槠（*C. eyrei*）林、短刺米槠（*C. carlesii* var. *spinulosa*）林、小果润楠（*Machilus microcarpa*）林、润楠（*M. nanmu*）林、楠木（*Phoebe zhennan*）林、臀果木（*Pygeum topengii*）林及其混交林共计11种群系；竹林主要包括毛竹（*Phyllostachys edulis*）林、慈竹（*Bambusa emeiensis*）林、斑竹（*Phyllostachys reticulata* '*Lacrima-deae*'）林等大茎竹类和水竹（*P. heteroclada*）林等小茎竹类等8种竹类群系；常绿阔叶灌丛主要包括以小梾木（*Cornus quinquenervis*）、竹叶榕（*Ficus stenophylla*）等为主的灌丛，共2种群系；灌草丛由具有南亚热带特色的桫椤（*Alsophila spinulosa*）、芭蕉（*Musa basjoo*）、罗伞（*Brassaiopsis glomerulata*）、峨眉姜花（*Hedychium flavescens*）为主的物种所组成，共3种群系。

1.3.1.2 植物多样性

保护区的植物资源丰富，区内分布有维管植物2 043种，其中种子植物154科705属1 802种，蕨类植物38科80属241种。苔藓植物48科96属207种，地衣10科14属21种，大型真菌42科73属103种，藻类植物32科55属148种。保护区内有国家一级重点保护野生植物2种，分别为红豆杉（*Taxus wallichiana* var. *chinensis*）、南方红豆杉（*T. wallichiana* var. *mairei*）；国家二级重点保护野生植物46种。

区内有50种IUCN（世界自然保护联盟，International Union for Conservation of Nature）濒危物种红色名录（2013）收录的植物物种，其中濒危种7种，易危种8种，极危种1种，近危种9种，数据缺乏2种，无危种23种。中国特有种74科226属429种，其中裸子植物3科3属3种，被子植物71科223属426种；中国特有分布属有21个，赤水特有分布种有12种，如小黄花茶（*Camellia luteoflora*）、赤水凤仙花（*Impatiens chishuiensis*）、匙叶凤仙花（*I. spathulata*）、爬竹（*Ampelocalamus scandens*）等。

1.3.2 主要保护对象

保护区生物物种资源丰富，珍稀濒危野生动植物种类繁多。区内有国家重点保护野生植物48种，其中，有红豆杉等2种国家一级重点保护野生植物，有桫椤等46种国家二级重点保护野生植物。脊椎动物中，有国家一级重点保护野生动物10种，国家二级重点保护野生动物40种。这些珍稀濒危动植物及其生境均为保护区的主要保护对象。从自然保护区的类型来看，保护区属野生生物类别野生植物类型自然保护区；从主要保护对象来看，保护区又以国内罕见的、集中成片分布的大面积桫椤群落而著名。

1.4 生物多样性特点

1.4.1 典型的中亚热带常绿阔叶林生态系统

赤水市位于中亚热带暖湿季风区，长期的地质地貌演化形成了暖湿、偏酸的生态环境。贵州赤水桫椤国家级自然保护区拥有众多独特的地貌系统，包括河流、沟谷、湖泊、山地、沼泽、洞穴、悬崖等，其丰富的植被类型及独特的丹霞地貌系统，使其形成了多样的生态系统类型。

赤水丹霞地貌区长期稳定的水热条件以及较少的人为干扰，为原生生境类型的保存奠定了基础。保护区内有丰富的原生性植被类型，共7种植被型，37种群系。在垂直地带性方面，海拔700 m及以下的沟谷地带，其多雾阴湿的环境形成了具有南亚热带雨林层片的植被类型、典型亚热带常绿阔叶林植被类型等；海拔700~1 200 m的中山地区以典型的亚热带常绿阔叶林植被类型为主，另外还有常绿落叶阔叶混交林及演替过渡阶段的针阔混交林等植被类型；海拔1 200~1 700 m山顶区域的较寒冷地带有暖温带特色的植物参与组成落叶阔叶混交林及次生落叶阔叶混交林植被类型。这些处于不同海拔的植被带为野生动物提供了复杂多样的生境类型。

1.4.2 丰富的生物多样性

保护区内种子植物区系地理成分复杂,从科的分布区类型来看,种子植物科共包含11种分布区类型及7种变型;从属的分布区类型来看,中国15个大的分布区类型有14个在保护区内出现,其中包含55个世界分布属,342个热带分布属,276个温带分布属,21个特有属。热带分布属和温带分布属均在该地区的植物区系和植被中起主导作用,表明该地区具有中亚热带植物区系和植被的特性,同时又兼具南亚热带的一些性质。

保护区共有脊椎动物308种,其中鸟类最多,有180种,哺乳类次之,有60种,爬行类有33种,两栖类有23种,鱼类有12种。180种鸟类,隶属17目47科,其中雀形目鸟类有28科123种,占鸟类总种数的68.33%,非雀形目16目19科57种,占鸟类总种数的31.67%。各科中,种数最多的是画眉科,有19种,占鸟类总种数的10.56%;鸫科次之,有16种,占鸟类总种数的8.89%;再者是莺科,有13种,占鸟类总种数的7.22%;其余各科种数较少。哺乳类中,啮齿目6科16种、食肉目5科17种,分别占保护区哺乳类总种数的26.67%、28.33%,占有显著的优势地位。其次为翼手目3科12种,占保护区哺乳类总种数的20%。在哺乳类的21科中,以鼠科种类最为丰富,共10种,占保护区哺乳类总种数的16.7%,其次是鼬科,共7种,占哺乳类总种数的11.67%。两栖类、爬行类在同类型保护区中是比较多的,两栖类隶属6科13属,爬行类隶属2目7科24属。两栖类、爬行类动物资源丰富,分别占贵州省两栖类、爬行类种数的36.51%和34.65%,且保护区生态环境优越,是研究两栖类、爬行类较为理想的基地。

根据张荣祖《中国动物地理》(2011),保护区的脊椎动物区系以东洋界成分为主,古北种和广布种相当,古北种主要是鸟类及部分兽类,两栖类和爬行类中没有古北界成分。

1.4.3 大量的珍稀濒危物种和地方特有种

保护区内分布有数量众多的原生性中生代孑遗植物桫椤，桫椤同时也是国家重点保护野生植物，这体现了保护区主要保护对象的特殊性。保护区内分布有50种国家重点保护野生动物。保护区内分布有中国特有种472种，其中植物特有种429种，动物特有种43种。特有植物中，地方特有种20余种，其特有种类较为丰富，其中竹亚科有6个特有种，山茶科有4个特有种，以小黄花茶最为出名。

主要保护对象桫椤属植物包括桫椤、粗齿桫椤（*Gymnosphaera denticulata*）、大叶黑桫椤（*Alsophila gigantea*）、小黑桫椤（华南黑桫椤）（*Gymnosphaera metteniana*）4种。桫椤在保护区内生长繁茂，一般植株高4~6 m，最高不超过8 m，植株粗壮，更新良好，在金沙沟、南广沟、甘沟、葫市沟一带尤为集中，并形成以桫椤占优势的群落，这在国内实属少见。贵州赤水桫椤国家级自然保护区是目前国内已知的桫椤分布最集中、种群数量最大的少数地区之一，被誉为“赤水河畔的桫椤王国”。

保护区内特有的珍稀植物中，以小黄花茶最为重要。小黄花茶是山茶科（Theaceae）植物，是贵州发现的山茶属特有种。小黄花茶是我国黄色山茶品系中的重要种质，茶朵虽然较小，但色泽美丽，可作为黄色山茶的育种材料，具有重要价值。该种目前仅分布于赤水市，分布区极其狭窄，仅分布于保护区闷头溪保护点，且种群数量稀少，是一种重要的特有植物。

1.5 人类活动对生物多样性产生的影响

毛竹作为禾本科刚竹属散生竹种，是中国亚热带地区分布最为广泛的竹种之一，兼具重要的经济、生态、文化价值。赤水地区是我国重要的竹材产地，历史上种植了大量毛竹林。毛竹具有适应能力强、繁衍速度快的生物学特性，因此其入侵扩张对邻近森林的生态系统稳定性具有一定的破坏效应，并且呈现出越来越明显的趋势。毛竹扩张入侵对森林生态系统的影响主要体现在森林植物、土壤以及更深层次的气候方面。

由于毛竹竹竿发达，当毛竹向阔叶树入侵扩张时，邻近的阔叶树会遭受其侵害，受到一定的机械性损伤。除物理侵害外，毛竹各器官及其凋落物具有潜在的化感作用，邻近植物根系的生长会受到一定的限制，种子萌发困难，生存能力受限。毛竹生长到一定高度时，其庞大的冠幅会形成遮阴环境，阻碍林下植物进行光合作用,进而影响林下植物的生长发育。已有研究表明,毛竹扩张入侵会降低植物物种多样性,影响生态系统整体功能的稳定性。

近年来,贵州赤水桫椤国家级自然保护区的毛竹扩张入侵现象日益严重(图1-1,图1-2)。毛竹的大量繁殖在为周围居民、工厂带来一定经济效益的同时,对保护区物种多样性及重点保护植物桫椤的生境产生了一定的负面影响。制定更具针对性的保护措施,加大对桫椤和小黄花茶的保护力度,明确毛竹扩张对物种多样性及桫椤的影响迫在眉睫。

图1-1　赤水河谷中的毛竹林

图1-2　毛竹扩张情况下的桫椤

第二章
监测目标及对象

2.1 监测目标

在一期植物多样性监测的基础上，对所有植被样方再次进行监测，结合两次监测结果对近年来的保护区植被变化情况进行分析，对近年来保护区的保护措施进行可视化评估，为贵州赤水桫椤国家级自然保护区制定思路清晰、科研力强、管护有力、保育有方、兼顾发展、功能齐全、发展科学的生物多样性保护工作机制提供支持。通过开展二期监测，主要实现以下目标：

（1）在一期监测工作的基础上进一步完善植物多样性监测样地、样带，并对原有固定样桩进行修缮或替换，以供长期定位监测；

（2）完善植物多样性监测体系，对保护区内典型植物群落以及桫椤、小黄花茶等主要保护对象的种群分布、数量、结构及其变化趋势、生境变化与受威胁状况等进行业务化长期监测，构建长期数据收集体系；

（3）掌握近年来保护区内植物多样性及重点保护物种存在的主要问题及威胁，明确近年来的保护成效，提出科学有效的保护建议，为进一步强化保护区对植物多样性的保护提供有力的理论支持及技术支撑。

2.2 监测对象

2.2.1 典型植物群落多样性动态变化监测

监测保护区内典型植物群落的结构特征（垂直结构和水平结构）和演替趋势的动态变化，以及保护区在植物多样性保护方面重点关注的重要物种和外来入侵种，以反映保护区内植物资源的变化特点与动态趋势。

2.2.2 重要物种动态变化监测

主要监测对象为保护区内的桫椤、小黄花茶等重要物种。针对其种群分布、数量、结构及变化趋势、生境变化与受威胁状况等开展监测。

2.2.3 毛竹入侵对重点保护物种(桫椤)影响的动态监测

主要监测河沟旁(桫椤主要生境)毛竹与其他植物的生长状况,以明确毛竹繁殖生长对桫椤种群及物种多样性的影响。

2.3 监测样地设置原则

1. 科学性原则

开展植物物种多样性监测,应明确主要监测对象,选择监测区域内最具代表性和典型性的植被分布样地,应覆盖保护区的3个功能区,以全面反映区内植物资源的变化特点与动态趋势。

2. 可操作性原则

监测计划应充分考虑人力、资金和后勤保障等条件,监测样地应具备一定的交通条件和工作条件。

3. 干扰最小化原则

在样地设置和监测开展过程中应减少对保护区自然生态系统和保护物种的影响,采集标本时应尽量减少对植物体的损伤。对于桫椤和小黄花茶等珍稀濒危植物,应采用非损伤取样方法。

4. 稳定性和长期性原则

植物物种多样性监测属于业务化长期监测,要求定期回访,以便与历史资料进行有效的对比分析。监测对象、监测样地、监测方法、监测时间和频次一经确定,应长期保持固定,不能随意变动。

5. 安全性原则

监测具有一定的野外工作特点,贵州赤水桫椤国家级自然保护区地势起伏较大,部分监测对象如小黄花茶多分布在陡峭的山崖周边,监测者应具有相关专业背景并接受相关专业培训,提高安全意识,做好防护措施。

第三章
工作组织

3.1 任务分工

贵州赤水桫椤国家级自然保护区管理局主要负责协调植物多样性监测单位和其他科研单位开展工作，以及植物多样性监测样地的定期维护。

生态环境部南京环境科学研究所负责项目主持、实施方案制定等工作，主要包括：编制监测方案，确保监测方案的可行性和监测工作的顺利开展；审核其他技术支撑单位的监测数据并提出意见；通过数据集成和文稿统筹完成项目报告；等等。为确保项目顺利实施，保护区成立了以生态环境部南京环境科学研究所为主要依托的项目技术专家组，科学制定了项目和课题的实施方案，全面论证，统一布置任务，分工协作，分步实施。西南大学生命科学学院负责植物群落的现场监测工作，主要包括维管植物的定期调查和调查数据的整理等。

3.2 人员组成

贵州赤水桫椤国家级自然保护区管理局：黄定旭副局长总体负责，刘邦友高级工程师为技术负责人，组织何琴琴、白小节、张廷跃等工作人员以及管护站点负责人具体实施。

生态环境部南京环境科学研究所：由自然保护地研究中心张昊楠副研究员牵头，组织助理研究员李伟杰、孟炜淇和袁换欢等组成项目组。

技术支撑单位西南大学生命科学学院：由陶建平教授、李宗峰高级实验师牵头负责，组织植物分类学、生态学专业的教师和研究生组成项目组。

第四章
监测内容

4.1 监测布局

开展贵州赤水桫椤国家级自然保护区维管植物群落物种多样性动态变化复查，依据监测区域内最具代表性和典型性植被分布的样地、保护区地形地貌、植被分布特点及植被管护需要，科学选取监测样地；主要采用设置森林大样地、小型固定样地及样带相结合的方式进行植物多样性监测。根据《贵州赤水桫椤国家级自然保护区生物多样性监测方案》和一期监测建设的样地监测系统进行总体布局（表4-1）。

表4-1　贵州赤水桫椤国家级自然保护区植物多样性监测总体布局

监测对象	监测地点	主要植被类型	样地设置
典型植物群落多样性动态变化	板桥沟桃竹岩	山地常绿阔叶林	2个大样地（1 hm^2）
	金沙沟大水岩	沟谷常绿阔叶林	
	各功能区	马尾松林	8个小样地（20 m×20 m）
		亮叶桦林	
		枫香树-四川大头茶混交林	
		栲林	
		润楠-楠木林	
		毛竹林	
		竹叶榕灌草丛	
		桫椤-芭蕉-罗伞灌草丛	
重要物种动态变化	葫市沟	桫椤种群	3个小样地（20 m×20 m）
	闷头溪	小黄花茶种群	3条样带（20 m×30 m）
毛竹入侵产生的影响	金沙沟、葫市沟	毛竹、桫椤种群	3条样带（20 m×60 m）

本期监测主要从三个方面选取监测指标，其中典型植物监测指标是本次监测中的基础指标；重要物种动态变化和毛竹入侵产生影响的监测指标是在基础指标上增加的，实际监测中应包含基础指标。

4.2 二期监测复查

1. 调查记录指标

根据《贵州赤水桫椤国家级自然保护区生物多样性监测方案》，基于一期调查样地，进行二期监测复查。本次植物调查范围包括种子植物、蕨类植物等，以主要保护对象、珍稀濒危及国家重点保护野生植物为调查重点。调查指标主要包括生境条件、植被类型、植物地理区系、种类组成、分布位置、种群数量、群落优势种、群落建群种、盖度、频度、生活力、物候期等。生态系统类型依据《中国生态系统》《中国植被》，以及群落建群种和优势种来确定。

2. 固定监测样地的标识系统

植物物种多样性监测属于业务化长期监测，要求定期回访，为便于与历史资料进行有效对比和分析，必须对固定监测样地做好边界标识，并及时对原有标识系统设施进行维护和修缮。

4.3 监测指标与数据分析

1. 物种丰富度指数

表征群落中包含多少个物种的量度，也可称之为种的饱和度。

$$物种丰富度指数(S)=样地物种数/样地植株数$$

2. 多样性指数

从研究植物群落出发，物种多样性（species diversity）是指一个群落中的物种数目和各物种的个体数目分配的均匀度。它不仅反映了群落组成中物种的丰富程度，还反映了不同自然地理条件与群落的相互关系，以及群落的稳定性与动态变化，是群落组织结构的重要特征。

表征物种多样性主要采用以下3种指数:

(1)辛普森(Simpson)指数。

Simpson指数又称优势度指数,是对多样性的反面集中性的度量。它假设从包括n个个体的S个种的集合中(其中属于第i个种的有n_i个个体,i=1,2,…,S)随机抽取2个个体并且不再放回,如果这两个个体属于同一物种的概率大,则说明集中性高,即多样性程度低。其概率可表示为:

$$\lambda = \sum_{i=1}^{S} \frac{n_i(n_i - 1)}{N(N-1)}, \quad i = 1,2,3,\cdots,S$$

式中:n_i——第i个种的个体数;N——所有的个体总数。

当把群落当作一个完全的总体时,得出的λ是个严格的总体参数,没有抽样误差。显然λ是对集中性的反向测度,为了克服由此带来的不便,Greenberg(1956)建议用下式作为多样性的测度指标:

$$D_S = 1 - \sum_{i=1}^{S} \frac{n_i(n_i - 1)}{N(N-1)}$$

如果一个群落有2个种,其中一个种有9个个体,另一个种有1个个体,其多样性指数(D_s)等于0.2;若这两个种,每个种各有5个个体,其多样性指数约等于0.56,后者的多样性较高。

(2)香农-维纳(Shannon-Wiener)多样性指数。

Shannon-Wiener多样性指数(H)原来用于表征在信息通信中的某一瞬间,一定符号出现的不定度以及它传递的信息总和。在这里用于表征群落物种多样性,即从群落中随机抽取一个一定个体的平均不定度,当物种的数目增加,已存在的物种的个体分布越来越均匀时,此不定度明显增加。可见Shannon-Wiener多样性指数为变化度指数,群落中的物种数量越多,分布越均匀,其值就越大。计算公式为:

$$H = -\sum P_i \ln P_i$$

$$P_i = \frac{n_i}{N}$$

n_i为群落中第i个种的植物单位数,它既可以是植物的个体数,也可以是其他定量指标,如盖度、优势度、重要值等。此处采用个体数指标,即n_i为样地中某一层次第i个物种的个体数,N为该层次所有物种个体数之和,P_i为第i个物种的个体数占总个体数的比例。

(3)皮卢(Pielou)均匀度指数。

群落均匀度指的是群落中不同物种多度的分布,Pielou(1969)把它定义为实测多样性和最大多样性(给定物种数S下的完全均匀群落的多样性)之比率。多样性量度不同,均匀度测度方法也不同。

在Shannon-Wiener多样性指数基础上的Pielou均匀度指数(J)为:

$$J=\frac{-\sum P_i \ln P_i}{\ln S}$$

以上几种多样性指数实际上是从不同的方面反映群落的组成结构特征。一个生态优势度较高的群落,由于优势种明显,优势种的植物单位数(个体数、盖度、优势度、重要值等)会显著高于一般物种而使群落的均匀度降低。可见生态优势度指数与均匀度指数是两个相反的概念,前者与物种多样性呈负相关关系,后者与物种多样性呈正相关关系。这样就比较容易理解为什么一个物种多、个体数也多,但分布不均匀的群落,在物种多样性指数上却和物种少、个体数也少,但分布均匀的群落相近。一般来说,几个指标只有同时采用时,才有可能如实地反映群落的组成结构水平。

3.重要值

在森林研究中常常用重要值表示一个树种的优势程度。重要值按以下公式计算:

重要值=(相对密度+相对优势度+相对频度)/ 300

相对密度=(某一种的个体数/全部种的个体总数)× 100

相对优势度=(某一种的基面积之和/全部种的基面积之和)× 100

相对频度=(某一种的频度/全部种的频度之和)× 100

4.种群年龄结构

主要对桫椤和小黄花茶的种群年龄结构开展监测。

(1)桫椤。

桫椤的生长周期比较长,可达数百年,其年龄难以完全跟踪调查。根据前人的研究经验,采用胸径或树高作为研究木本蕨类植物个体大小的指标具有良好的一致性。对于无明显径向生长的棕榈科或桫椤科植物,用高度作为龄级估测参数比较科学。鉴于桫椤无径向生长的特征,选用茎干高度作为个体大小的指标,来研究其种群大小结构,并参考有关种群的大小级划分方法来进行划分,绘制桫椤种群年龄分布结构图。

(2)小黄花茶。

小黄花茶属于长寿命的多年生灌木,种群的年龄结构在野外不易测定,故采取空间代替时间的方法,即用立木的大小级结构代替年龄结构来分析种群的结构和动态。根据野外调查发现的小黄花茶生活史特点和人工栽培研究,参考有关种群的大小级划分方法来进行划分,绘制小黄花茶种群年龄分布结构图。

5.植物种群密度

植物种群密度按下式计算:

$$D=\frac{N}{A}$$

式中:D——种群密度,株(丛)/m^2;

N——样方内某种植物的个体数,株(丛);

A——样方面积,m^2。

对不易分清根茎的禾草的地上部分,可以把能数出来的独立植株作为一个计数单位,而灌丛禾草则应以一丛为一个计数单位。丛和株并非等值,所以必须同它们的盖度结合起来分析才能获得较正确的判断。特殊的计数单位都应在样方登记表中加以注明。

6.植物盖度

植物盖度包括总盖度、层盖度、种群盖度和个体盖度。

总盖度:指一定样地面积内原有生活着的植物覆盖地面的百分率,包括乔木层、灌木层、草本层、苔藓层的各层植物。实际监测中,总盖度数据通常根据经验目测获得。

层盖度:指各分层的盖度,包括样地乔木层盖度、样地灌木层盖度、样地草本层盖度和样地苔藓层盖度等。实际监测中,层盖度数据通常根据经验目测获得。

种群盖度:指各层中每种植物所有个体的盖度,植物种群盖度一般用投影盖度表示。投影盖度是指某种植物植冠在一定地面上所形成的覆盖面积占地表面积的比例。投影盖度根据下式计算:

$$C_c=\frac{C_i}{A}\times 100\%$$

式中:C_c——投影盖度,%;

C_i——样方内某种植物植冠投影面积之和,m^2;

A——样方水平面积,m^2。

个体盖度:通常指单个乔木的冠幅,以个体为单位,实际监测中个体盖度数据通过直接测量获得。

7.植物高度

植物高度包括样地乔木树高、枝下高以及样地灌木和样地草本的种群高度。

样地乔木树高:指一棵树从平地到树梢的自然高度(弯曲的树干不能沿曲线测量)。实际监测中,可采用测高仪(例如魏氏测高仪)在群落中先测定一棵标准木,然后利用目测的方法对其他乔木进行估测。

枝下高:即干高,是指树干上最大分枝处的高度,这一高度大致与树冠的下缘接近,干高的估测方法与树高相同。

种群高度(H):应以该植物成熟个体的平均高度表示,按下式计算:

$$H=\frac{\sum h_i}{N_i}$$

式中:H——种群高度,m;

$\sum h_i$——样方内第i种植物个体的高度之和,m;

N_i——第i种植物的个体数。

8.植物种群频度

植物种群频度的计算公式为:

$$F=\frac{Q_i}{\sum Q}\times 100\%$$

式中:F——种群频度,%;

Q_i——某种植物出现的样方数,个;

$\sum Q$——调查的全部样方数,个。

9.静态生命表

种群动态是植物种群在环境条件下长期适应和选择的表现,是种群生态学研究中的核心问题。种群调查与统计是种群数量动态研究的基本方法,其核心是构建一张按照种群各年龄组排列的存活率和生殖率的一览表,即生命表(life table)。通过分析生命表,可揭示种群的结构与更新现状。生存分析是指根据试验或调查得到的数据,对生物的生存时间进行分析和推断,研究其生存时间和结局与众多影响因素间的关系及程度大小的方法。

静态生命表编制时运用了空间代替时间和通过横向推纵向的方法,即以特定时间存在的特定种群不同年龄个体数代替各年龄期种群个体数。所以可能存在不满足编制静态生命表的三个假设的情况。在统计过程中,如果较小龄级的个体数小于下一龄级的个体数,可以采用匀滑技术进行处理。

静态生命表含有以下内容:

(1)x:龄级;

(2)l_x:x龄级开始时的标准存活数(一般转换为1 000);

(3)d_x:x龄级间隔(x龄级到x+1龄级)的标准化死亡数;

(4)q_x:d_x占l_x的比例,表示1 000个个体在该龄级开始时的死亡率($q_x = d_x / l_x \times 1\,000$);

(5)L_x:x到x+1龄级存活的平均个体数;

(6)T_x:x龄级至超过x龄级的个体总数($T_x = \sum L_x$);

(7)e_x:进入x龄级个体的生命期望或平均余生($e_x = T_x / l_x$);

(8)a_x:在x龄级开始时的实际存活数;

(9)$\ln a_x$:实际存活数的自然对数;

(10)$\ln l_x$:标准存活数的自然对数;

(11)K_x:消失率($K_x = \ln l_x - \ln l_{x+1}$)。

10.种群存活曲线

种群存活曲线是反映种群生命过程的曲线。本研究以个体存活数量的自然对数为纵坐标,以龄级为横坐标作存活曲线图。

本研究在生存分析中引入了种群生存函数,利用种群生存率函数F_{Si}、累计死亡率函数F_{ti}、死亡密度函数f_{ti}和危险率函数λ_{ti}这4个生存函数辅助分析种群生命情况,从而更好地阐明种群在生活史阶段的生存变化规律。重要的是可以通过死亡密度函数甄别出种群的高危生活史阶段,并将其作为分析种群更新瓶颈的参照点。

各函数计算公式如下:

$$F_{Si}=S_1 \times S_2 \times S_3 \times \cdots \times S_i$$

$$F_{ti}=1-F_{Si}$$

$$f_{ti}=(S_{i-1}-S_i)/h_i$$

$$\lambda_{ti}=2q_x/[h_i(1+1-q_x)]$$

式中:i代表龄级;ti代表累计龄级数;h_i为龄级宽度;q_x为死亡率。根据上述4个生存函数的估算值,绘制出生存率曲线和累计死亡率曲线、死亡密度曲线和危险率曲线。

11.生物量计算

在本次监测工作中，根据野外调查获取的植被数据在中国知网(CNKI)与Web of Science上搜索相关文献，获取不同树种的异速生长模型，以计算各树种不同部分(主干、叶片、根等)的干重及植株总干重，即生物量。本研究中使用的异速生长模型见表4-2。

表4-2 本研究所使用的异速生长模型

名称	主干(stem)	分支(branch)	叶片(leaf)	根(root)
马尾松	$0.033\,8(D^2H)^{0.949\,3}$	$0.012\,5(D^2H)^{0.886}$	$0.006\,4(D^2H)^{0.798}$	$0.018\,9(D^2H)^{0.733\,4}$
杉木	$0.034\,6(D^2H)^{0.914}$	$0.042\,5(D^2H)^{0.680\,7}$	$0.169\,2(D^2H)^{0.426\,1}$	$0.053\,2(D^2H)^{0.700\,3}$
赤杨叶	$0.817(D^2H)^{0.523\,3}$	$0.186\,5(D^2H)^{0.557\,1}$	$0.658(D^2H)^{0.309\,8}$	$0.258\,7(D^2H)^{0.482\,5}$
杜茎山	$0.000\,3(D^2H)^{2.080\,5}$	—	$0.007\,6(D^2H)^{1.606\,8}$	$0.055\,5(D^2H)^{1.132\,8}$
金珠柳	$0.000\,3(D^2H)^{2.080\,5}$	—	$0.007\,6(D^2H)^{1.606\,8}$	$0.055\,5(D^2H)^{1.132\,8}$
毛桐	$0.002\,7D^{3.159\,4}$	—	$0.010\,4D^{2.182\,3}$	$0.002\,7D^{3.411\,5}$
油桐	$0.002\,7D^{3.159\,4}$	—	$0.010\,4D^{2.182\,3}$	$0.002\,7D^{3.411\,5}$
杜鹃	$\exp(-2.772+2.501\ln D)$	$\exp(-4.724+2.691\ln D)$	$\exp(-6.234+2.599\ln D)$	$\exp(-3.272+2.282\ln D)$
毛叶杜鹃	$\exp(-2.772+2.501\ln D)$	$\exp(-4.724+2.691\ln D)$	$\exp(-6.234+2.599\ln D)$	$\exp(-3.272+2.282\ln D)$
白栎	$0.046\,1(D^2H)^{0.610\,9}$	$0.011\,9(D^2H)^{0.566\,9}$	$0.010\,1(D^2H)^{0.568\,4}$	$0.021\,8(D^2H)^{0.599\,4}$
麻栎	$0.046\,1(D^2H)^{0.610\,9}$	$0.011\,9(D^2H)^{0.566\,9}$	$0.010\,1(D^2H)^{0.568\,4}$	$0.021\,8(D^2H)^{0.599\,4}$
高山栎	$0.046\,1(D^2H)^{0.610\,9}$	$0.011\,9(D^2H)^{0.566\,9}$	$0.0101(D^2H)^{0.568\,4}$	$0.0218(D^2H)^{0.599\,4}$
栗	$0.046\,1(D^2H)^{0.610\,9}$	$0.011\,9(D^2H)^{0.566\,9}$	$0.010\,1(D^2H)^{0.568\,4}$	$0.021\,8(D^2H)^{0.599\,4}$
栲	$0.006\,7(D^2H)^{0.889}$	$0.014\,8(D^2H)^{0.959\,8}$	$0.023\,9(D^2H)^{0.669\,8}$	$0.018\,9(D^2H)^{0.978\,2}$
短刺米槠	$0.006\,7(D^2H)^{0.889}$	$0.014\,8(D^2H)^{0.959\,8}$	$0.023\,9(D^2H)^{0.669\,8}$	$0.018\,9(D^2H)^{0.978\,2}$
尼泊尔水东哥	$0.017\,7(D^2H)^{0.865\,8}$	$0.077\,4(D^2H)^{0.789\,9}$	$0.064\,9(D^2H)^{0.332\,8}$	$0.047\,4(D^2H)^{0.631\,8}$
粗叶木	$0.017\,7(D^2H)^{0.865\,8}$	$0.077\,4(D^2H)^{0.789\,9}$	$0.064\,9(D^2H)^{0.332\,8}$	$0.047\,4(D^2H)^{0.631\,8}$
榕属	$0.025\,3(D^2H)^{0.954\,6}$	$0.001\,3(D^2H)^{1.248\,7}$	$0.117\,9(D^2H)^{0.001\,0}$	
木荷	$0.133\,7(D^2H)^{0.761\,4}$	$0.105\,2(D^2H)^{0.825\,5}$	$0.083\,6(D^2H)^{0.545\,5}$	$0.110\,2(D^2H)^{0.68}$
山茶属	$0.032\,9(D^2H)^{0.511\,4}$	$0.072\,3(D^2H)^{0.759\,9}$	$0.003\,5(D^2H)^{0.925\,5}$	$0.006\,2(D^2H)^{0.966\,7}$
灯台树	$\exp(-2.772+2.501\ln D)$	$\exp(-4.724+2.691\ln D)$	$\exp(-6.234+2.599\ln D)$	$\exp(-3.272+2.282\ln D)$

续表

名称	主干(stem)	分支(branch)	叶片(leaf)	根(root)
穗序鹅掌柴	$0.065(D^2H)^{0.6913}$	$0.0816(D^2H)^{0.8437}$	$0.0285(D^2H)^{0.6967}$	$0.0098(D^2H)^{1.0979}$
星毛鸭脚木	$0.065(D^2H)^{0.6913}$	$0.0816(D^2H)^{0.8437}$	$0.0285(D^2H)^{0.6967}$	$0.0098(D^2H)^{1.0979}$
枫香树	$0.0927(D^2H)^{0.8006}$	$0.0825(D^2H)^{0.649}$	$1.0836(D^2H)^{0.2166}$	$0.1456(D^2H)^{0.6435}$
爪哇脚骨脆	$0.065(D^2H)^{0.6914}$	$0.0816(D^2H)^{0.8438}$	$0.0285(D^2H)^{0.6968}$	$0.0098(D^2H)^{1.0980}$
里白算盘子	$0.0329(D^2H)^{0.5114}$	$0.0723(D^2H)^{0.7599}$	$0.0035(D^2H)^{0.9255}$	$0.0062(D^2H)^{0.9667}$
五月茶	$0.0329(D^2H)^{0.5114}$	$0.0723(D^2H)^{0.7599}$	$0.0035(D^2H)^{0.9255}$	$0.0062(D^2H)^{0.9667}$
贵州琼楠	$0.1337(D^2H)^{0.7614}$	$0.1052(D^2H)^{0.8255}$	$0.0836(D^2H)^{0.5455}$	$0.1102(D^2H)^{0.68}$
薄叶润楠	$0.1337(D^2H)^{0.7614}$	$0.1052(D^2H)^{0.8255}$	$0.0836(D^2H)^{0.5455}$	$0.1102(D^2H)^{0.68}$
润楠	$0.1337(D^2H)^{0.7614}$	$0.1052(D^2H)^{0.8255}$	$0.0836(D^2H)^{0.5455}$	$0.1102(D^2H)^{0.68}$
其他阔叶树种	$0.1014(D^2H)^{0.9259}$	$0.3679(D^2H)^{0.8297}$	$0.0217(D^2H)^{0.8139}$	$0.2999(D^2H)^{0.6636}$

注：D为胸径；H为树高。

12.物种点格局分析

在众多空间分布分析方法中，点格局分析方法不仅考虑了两个相邻植物个体间的距离，而且考虑了每个个体与其他个体间的距离（张文豪等，2023）。本研究选择了由Ripley于1977年提出的$K(r)$函数，$K(r)$函数可用于显示从样方区域中随机抽取的个体落在以空间任意点为圆心，r为半径的圆内的期望值。$g(r)$函数作为$K(r)$函数的概率函数，能够消除$K(r)$函数中大尺度和小尺度的效应混淆。

$K(r)$函数表达式为：

$$K(r)=\frac{A}{n^2}\sum_{i=1}^{n}\sum_{j=1}^{n}\frac{1}{w_{ij}}I_r(u_{ij}),\ (i\neq j)$$

其中，r为空间尺度，A为样地面积，n为物种个体总数，u_{ij}为植物种群中个体i与个体j的距离，w_{ij}为边界效应矫正系数（以i为圆心，u_{ij}为半径的圆落在样地面积A的弧长与其自身周长的比值）。

$g(r)$函数表达式为：

$$g(r)=\frac{1}{2\pi r}\times\frac{\mathrm{d}K(r)}{\mathrm{d}r}$$

式中，$\mathrm{d}r$为空间尺度r的微分。

$g(r)=1$,该种群在r尺度上随机分布;$g(r)>1$,该种群在r尺度上显著聚集分布;$g(r)<1$,该种群在r尺度上显著均匀分布。

13.空间关联性分析

本研究采用双变量成对相关函数对不同种植物个体间的空间关联性进行分析。函数表达式为:

$$g_{12}(r)=\frac{1}{2\pi r}\times\frac{\mathrm{d}k_{12}(r)}{\mathrm{d}r}$$

$$k_{12}(r)=\frac{A}{n_1 n_2}\sum_{i=1}^{n_1}\sum_{j=1}^{n_2}\frac{1}{w_{ij}}I_r(u_{ij})$$

其中,n_1、n_2代表物种i、物种j存活个体数。$g_{12}(r)>1$时,物种与物种为正关联关系;$g_{12}(r)=1$时,物种与物种无关联性;$g_{12}(r)<1$时,物种与物种为负关联关系。

本研究采用蒙特卡罗(Monte Carlo)检验对上述统计值进行检验。采用拟合次数为199次的Monte Carlo拟合检验,置信区间设定为95%,空间尺度为样方尺度。$g(r)$值位于上下包迹线之间时,种群呈随机分布;$g(r)$值位于上包迹线以上时,种群呈显著聚集分布;$g(r)$值位于下包迹线以下时,种群呈显著均匀分布。$g(r)$值位于上下包迹线之间时,物种与物种无关联性;$g(r)$值位于上包迹线以上时,物种与物种呈显著正关联关系;$g(r)$值位于下包迹线以下时,物种与物种呈显著负关联关系。

4.4 样地(或样方、样带)标识系统的建设和修缮

4.4.1 总体布局

修缮植物多样性监测研究样地监测设施,具体包括对森林大样地、典型固定监测小样地和样带的固定样桩进行修缮或替换新桩(实际上为全部替换新桩)。

本次监测对一期监测样方进行了规范,在所有20 m×20 m样方顶点安放固定样桩并记录其经纬度坐标。样桩选择宽100 mm,厚100 mm,总高1 000 mm(含地埋300~400 mm)的不锈钢样桩(图4-1、图4-2),并根据放样点土壤情况,采用地埋安装或混凝土加固。样桩包括2个1 hm^2大样地、11个20 m×20 m小样地、3条20 m×30 m样带与3条20 m×60 m样带的顶点桩。

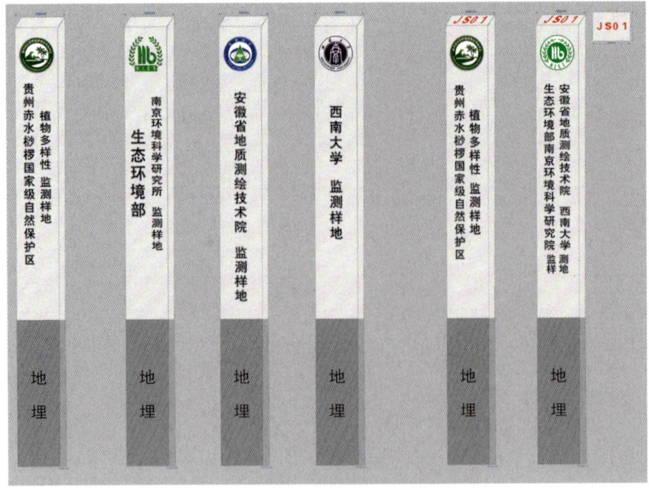

图4-1　样桩设计图

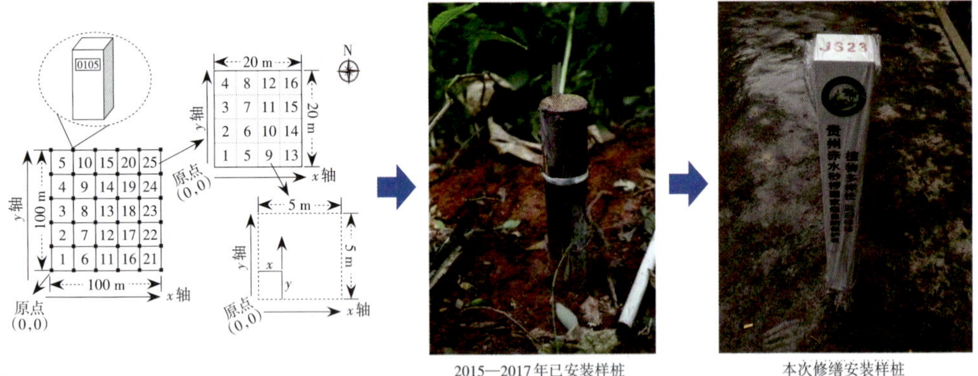

2015—2017年已安装样桩

本次修缮安装样桩

图4-2　样桩修缮(或替换)示意图

4.4.2 森林测绘和放样

4.4.2.1 样桩调查及放样

实地调查发现,原埋设样桩有部分已被雨水冲毁或倒塌。在确认原样桩位置后,测量原样桩坐标,根据所测原样桩坐标绘制样地格网,统一使用2000国家大地坐标系,利用RTK(Real - time kinematic,实时差分定位)和全国CORS(Cross-origin resource sharing,跨域资源共享)网络及全站仪实地重新放样(图4-3),以方便后期埋设样桩。

图4-3　放样

4.4.2.2 放样方法及精度要求

在金沙和元厚大样地部分接收不到GPS(Global Positioning System,全球定位系统)及网络信号的区域,利用样桩点位分布图解析出样桩点位坐标,并导入RTK及全站仪。在有GPS和网络信号的区域利用RTK数据放样,确定样桩点位,无GPS或网络信号的区域才用全站仪补放样桩点位。所有样桩点位反测两次坐标,两次测量误差<3 cm时取平均数,与放样坐标比较,校差应小于等于0.05 m。RTK及全站仪交互检查,放样点位校差≤0.05 m才算合格,否则重新放样。本期调查两样地共确定放样样桩点位79个,经检查,误差不超限,无粗差。表4-3为精度要求,图4-4为放样点预标记照片。

表4-3　精度要求

样桩点位中误差/m	高程中误差/m	测量次数
≤±0.05	≤0.1基本等高距	≥2

图4-4　放样点预标记

4.4.3 样方设置与样桩布局

4.4.3.1 森林大样地

寻找一期多样性监测工作中样方标定使用的固定样桩并定点，使用无人机俯拍样方及周围环境，根据原有样桩定位在室内将样点标定在图片上，并绘制分析一期监测的样方设置情况。根据一期监测的样方设置情况，结合样地地势对样方形状进行微调，绘制样方，得出样方各样点坐标，进行现场放样并标记各样点位置。进行多样性现场调查时，使用皮尺并结合标记确定样方(20 m×20 m)，对每个样方顶点进行编号，并安放样桩进行永久性标记。

1. 金沙大样地

金沙大样地(1 hm²)共计设置41个样点、安装40个样桩(其中1个样点因为水深较大，无法施工)，并在样方进出口安装标识样桩(2个)和样地信息牌(1个)。样桩分布情况如图4-5所示。

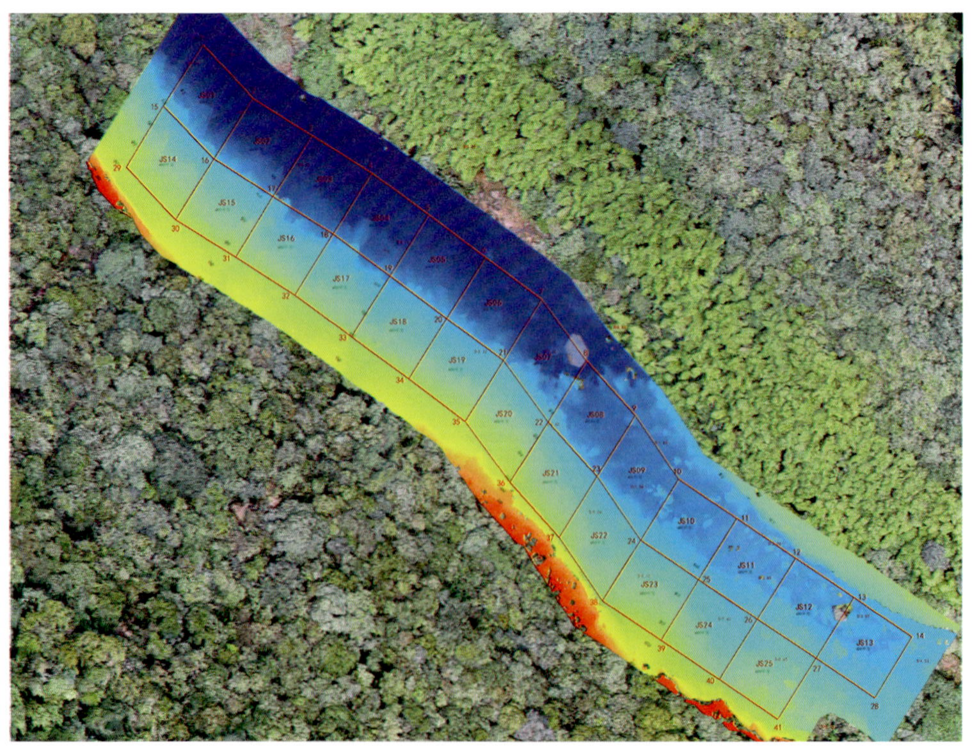

图4-5 金沙大样地样桩分布示意图

2. 元厚大样地

元厚大样地（1 hm²）共计设置38个样点、安放38个样桩，并在样方进出口安装标识样桩（2个）和样地信息牌（1个）。样桩分布情况如图4-6所示。

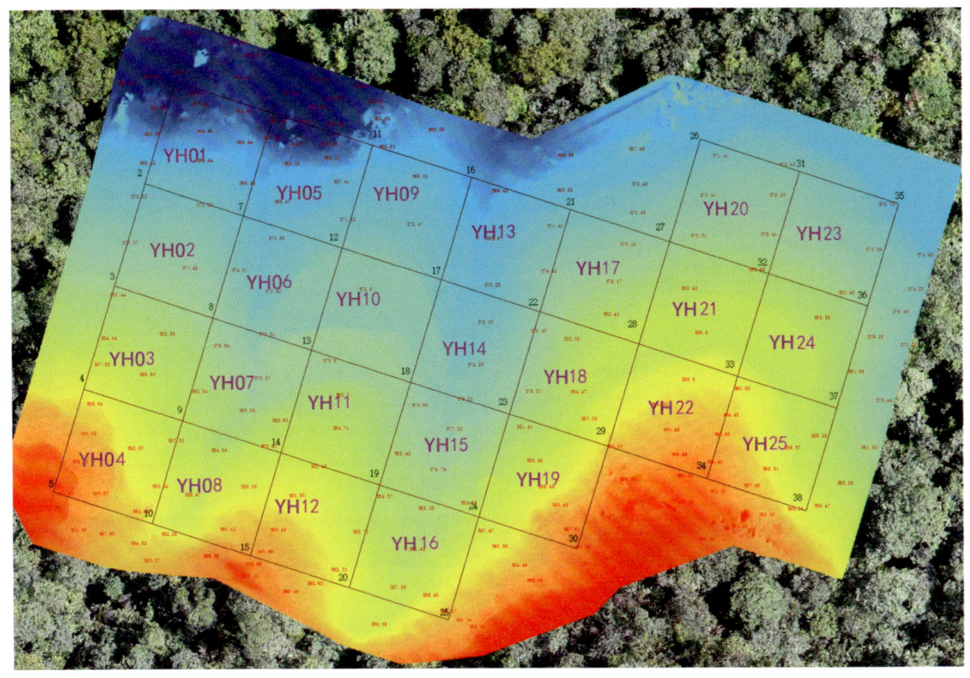

图4-6　元厚大样地样桩分布示意图

4.4.3.2 典型植被固定监测样地

贵州赤水桫椤国家级自然保护区海拔落差较大，最高海拔为1 730.1 m，最低处董家沟海拔仅332 m，区域水热条件良好，很少受寒潮侵袭，形成了温暖湿润的亚热带季风气候，年降水充沛，相对湿度大，植物种类和植被类型均十分丰富。根据《中国植被》中的划分原则，将保护区的植被划分为暖性针叶林、落叶阔叶林、常绿落叶阔叶混交林、常绿阔叶林、竹林、常绿阔叶灌丛、灌草丛等7种植被型，并划分为37种主要群系类型。根据不同群系在保护区内的分布情况，在每一种植被型中选取一个分布面积大、类型典型的群系设置小型固定监测样地（20 m×20 m），用于开展维管植物物种多样性监测。本期监测共选取8个小样地，作为对保护区植被类型监测的补充。

其中，典型植被固定监测样地（小样地）1~3号位于金沙沟内，样方内以生活在潮湿阴凉生境的物种（桫椤、芭蕉、罗伞）及河谷两旁的竹叶榕为主。灌草丛中乔木物种和数量较少,草本覆盖度高,草本植物物种多样性较高,主要组成物种为冷水花、杜若、雾水葛等多年生草本植物。典型植被固定监测样地4~8号均位于元厚镇,群落物种以常绿阔叶树种为主,常有针叶树种(马尾松、杉木),亦有少量落叶树种(亮叶桦等),其中位于高海拔的润楠-楠木混交林群落冠层高度最高;灌木层常以山茶科树种为主要组成物种,以中华里白等蕨类为主要物种的草本层覆盖度高。

8个典型植被固定监测样地内共设置了32个样桩,但由于地势,毛竹林群落样地有2个顶点样桩未放置,实际放置安装样桩30个。样桩放置于样方边线,并在样桩顶部标记样方顶点位置。同时,为保证样桩使用时限,安放样桩时尽量避开了河流、悬崖等位置。典型植被固定监测样地样桩设置如图4-7所示。

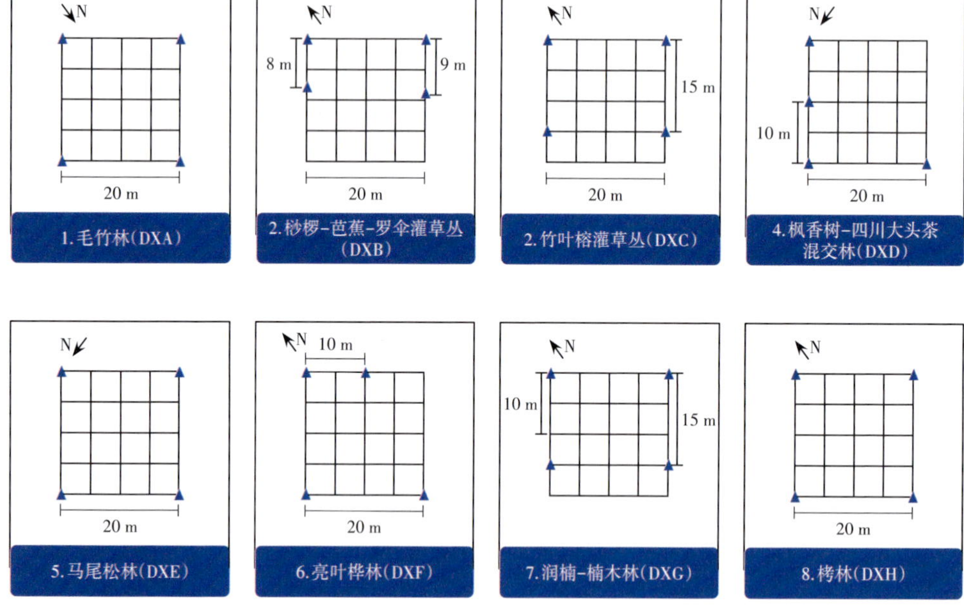

注:▲为样桩设置点。

图4-7 典型植被固定监测样地样桩设置示意图

4.4.3.3 重要物种固定监测样地、样带

贵州赤水桫椤国家级自然保护区重要物种动态变化监测围绕主要保护物种桫椤和小黄花茶种群开展。其数量相对较少且分布较为集中,主要采用小型固定监测样地设置和固定监测样带设置相结合的方式,具体样地设置如下。

1. 桫椤种群固定监测样地

保护区内的桫椤主要分布于沟谷深处、地形封闭的区域内,区域主要特点是水热湿度条件良好，土壤深厚、呈弱酸性。这些地方大多植被茂密，生境荫蔽，从葫市镇管理站进入官呈岩一带的公路边及河岸沟谷处桫椤分布较多，且生长情况良好。金沙沟、南厂沟等处的桫椤由于地处景区边缘，其种群特征优势整体不如官呈岩附近的桫椤。据此，在葫市沟河谷两侧设置了3个桫椤种群固定监测样地（20 m×20 m），共放置安装12个样桩，放置情况见图4-8。

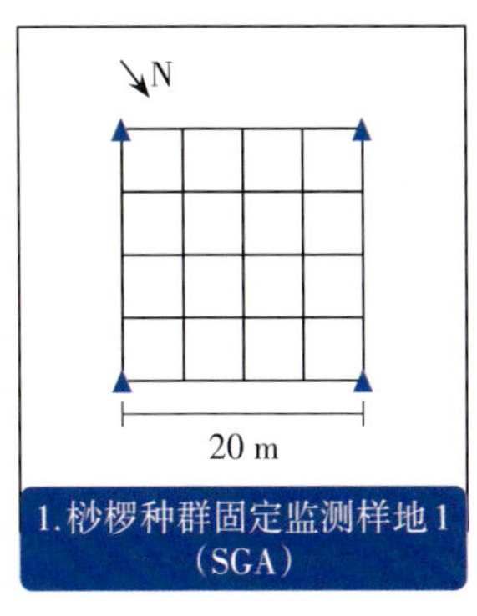

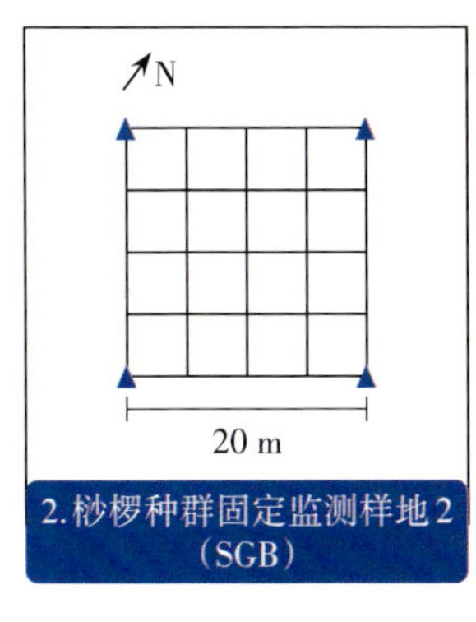

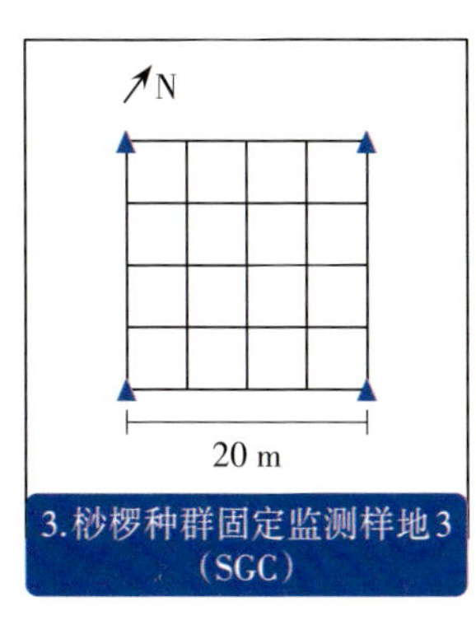

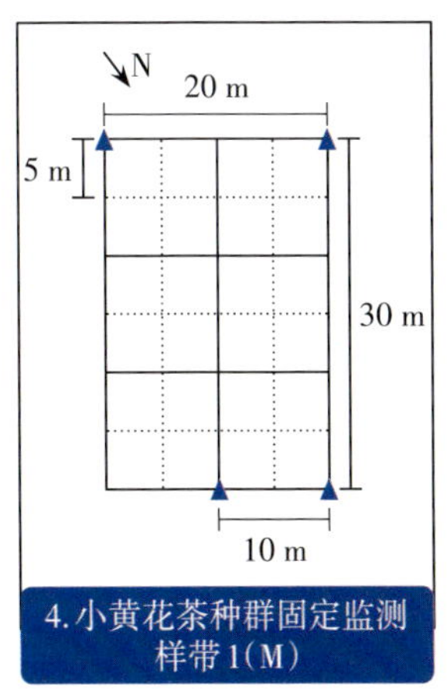

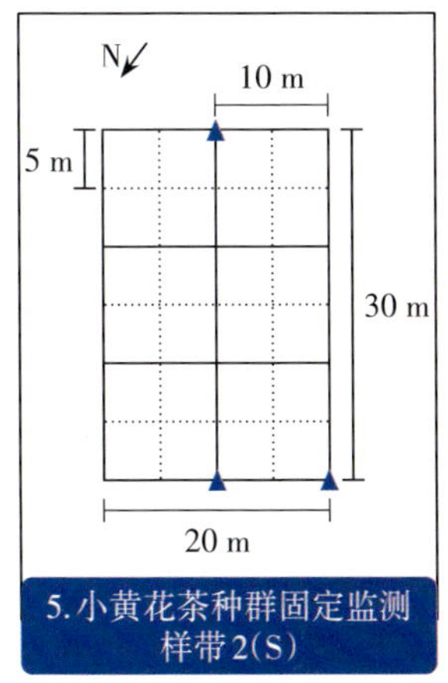

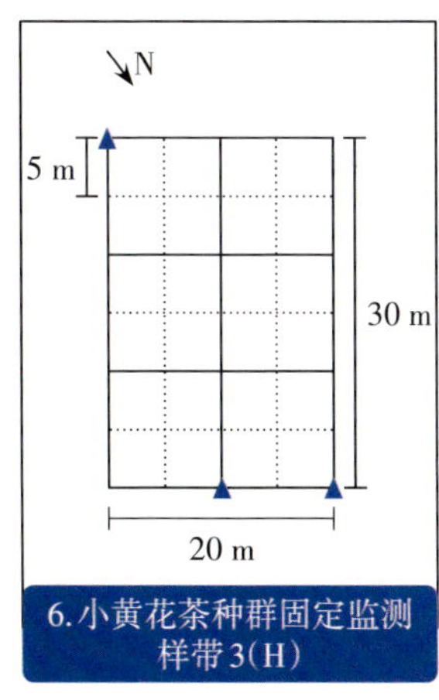

注：▲为样桩放置点。

图4-8　桫椤与小黄花茶种群固定监测样地、样带及其样桩放置示意图

2.小黄花茶种群固定监测样带

小黄花茶的自然分布面积不超过2 km²，主要分布在保护区西北方向的闷头溪，多生长于海拔500~800 m的山崖或溪边，在海拔700 m以上分布极少，因此沿闷头溪设置了3条20 m×30 m的样带，共放置安装10个样桩，放置情况见图4-8。

根据一期的样地（带）设置对桫椤和小黄花茶种群动态变化进行复查并修缮样桩。

3.毛竹入侵固定监测样带

金沙沟、南厂沟等处的桫椤由于地处景区边缘及毛竹林入侵生长的区域,其种群特征优势整体不如官呈岩附近的桫椤种群。据此,本研究选择沿着金沙沟和葫市沟沟口两侧的毛竹-桫椤群落设置3条固定监测样带(20 m×60 m),并将其和葫市沟等自然分布片区进行比较,研究毛竹入侵干扰对桫椤种群分布和扩散的影响。共放置了16个样桩,放置情况见图4-9。

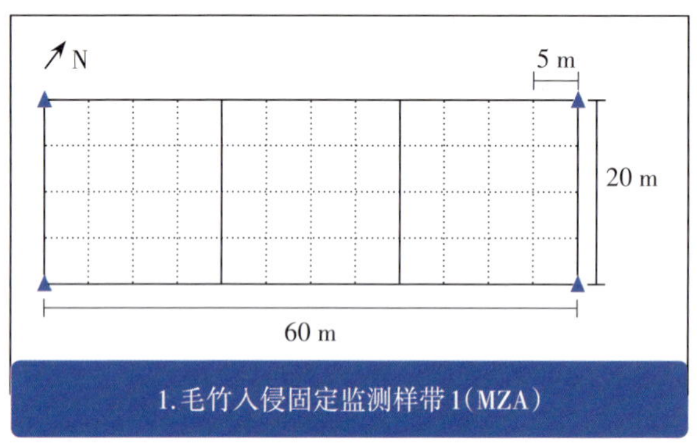

1.毛竹入侵固定监测样带1(MZA)

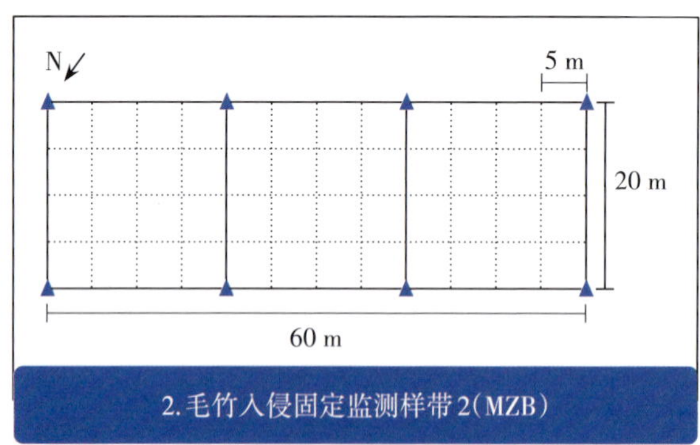

2.毛竹入侵固定监测样带2(MZB)

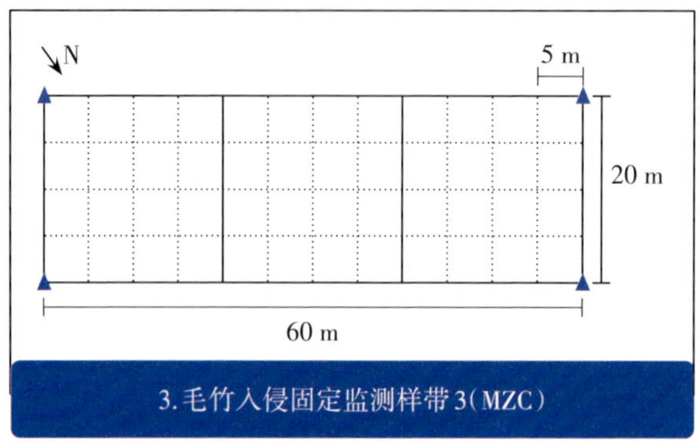

3.毛竹入侵固定监测样带3(MZC)

注:▲为样桩放置点。

图4-9　毛竹入侵固定监测样带样桩放置示意图

第五章
典型植物群落多样性动态变化监测

5.1 监测方法

5.1.1 森林大样地监测方法

（1）样地选择：板桥沟桃竹岩、金沙沟大水岩等。

（2）样地数量和面积：2个，每个1 hm^2。

（3）样地标定：

由于样地处于峡谷或者山坡地带，本研究依据一期监测范围对大样地重新进行划分标定。将大样地划分为20 m × 20 m（面积400 m^2）的样方进行调查。受金沙沟内崖壁影响，部分样方未能标定为标准正方形，在保证面积为400 m^2的情况下将其划分为平行四边形。

金沙大样地标记为JS，位于赤水市葫市镇，坐标为东经106°01′6.157″，北纬28°25′5.34″，海拔为502~538 m，整体坡度26°，坡向北偏东57°。样地处于山坡到河谷的过渡地带，根据植被分布与地形条件将金沙大样地设置为长条状，如图5-1所示。对每个20 m×20 m的样方顶点进行编号，并安放不锈钢样桩进行永久性标记，如图5-2所示。使用卷尺和便携式激光测距仪将20 m×20 m的样方划分为5 m×5 m的亚样方进行调查，亚样方边界用红色塑料绳进行临时标记，这些5 m×5 m的亚样方为胸径（DBH）≥1 cm的乔木和灌木的基本监测单元。调查结束后及时移除所有临时标记，并进行无害化处理。

在每个20 m×20 m的样方内设置一个1 m×1 m的样方用于监测草本植物与DBH<1 cm的乔木和灌木，边界用塑料绳进行临时标记。

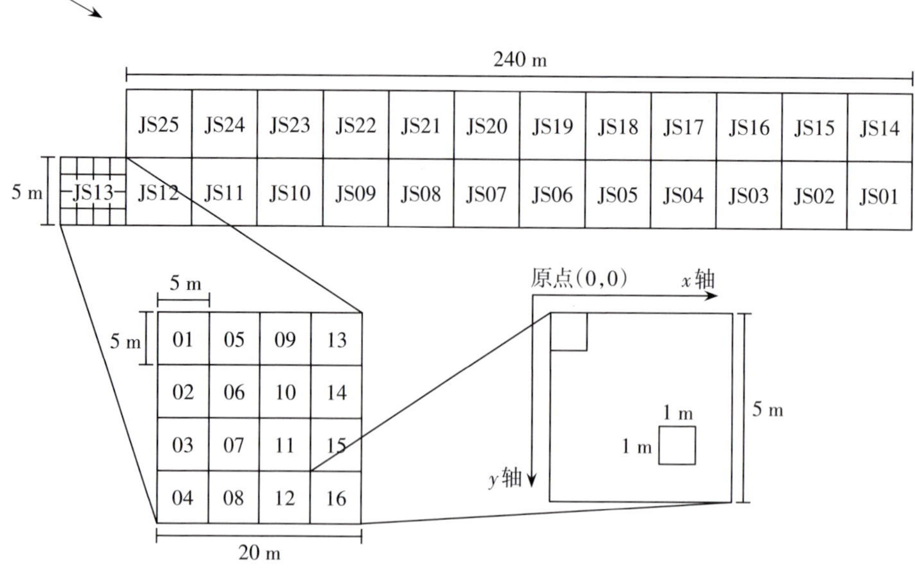

图5-1　金沙大样地(JS)设置及样方编号示意图

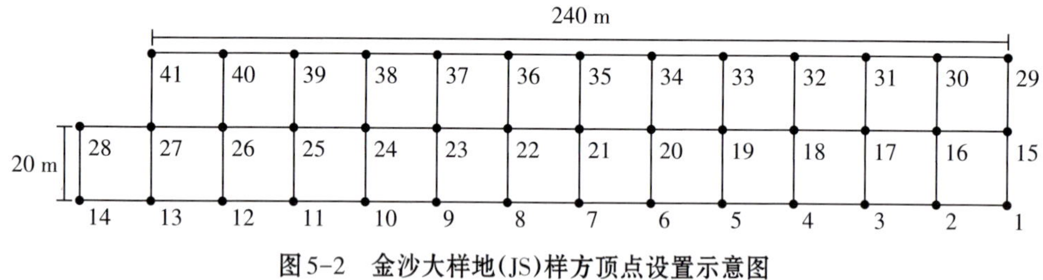

图5-2　金沙大样地(JS)样方顶点设置示意图

元厚大样地标记为YH,位于赤水市元厚镇,坐标为东经106°0′47.8″,北纬28°21′53.74″,海拔跨度890~962 m,整体坡度23.16°,坡向北偏东12°。样地处于山坡到绝壁过渡地带,依据植被分布和地形,元厚大样地的样方设置如图5-3所示。对每个20 m×20 m样方的顶点进行编号并永久标记,如图5-4所示;使用卷尺和便携式激光测距仪将每个20 m × 20 m样方划分为5 m × 5 m的亚样方,亚样方边界用红色塑料绳进行临时标记,这些5 m × 5 m的亚样方为胸径(DBH)≥ 1 cm的乔木和灌木的基本监测单元。调查结束后及时移除所有临时标记,并进行无害化处理。

在每个20 m×20 m的样方内设置一个1 m×1 m的样方用于监测草本植物与DBH<1 cm的乔木和灌木,边界用塑料绳进行临时标记。

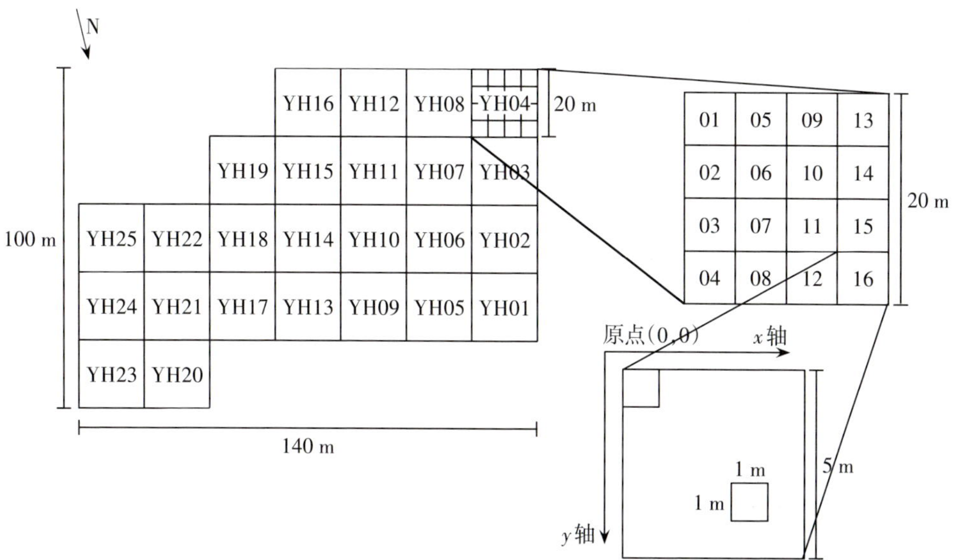

图 5-3　元厚大样地(YH)设置及样方编号示意图

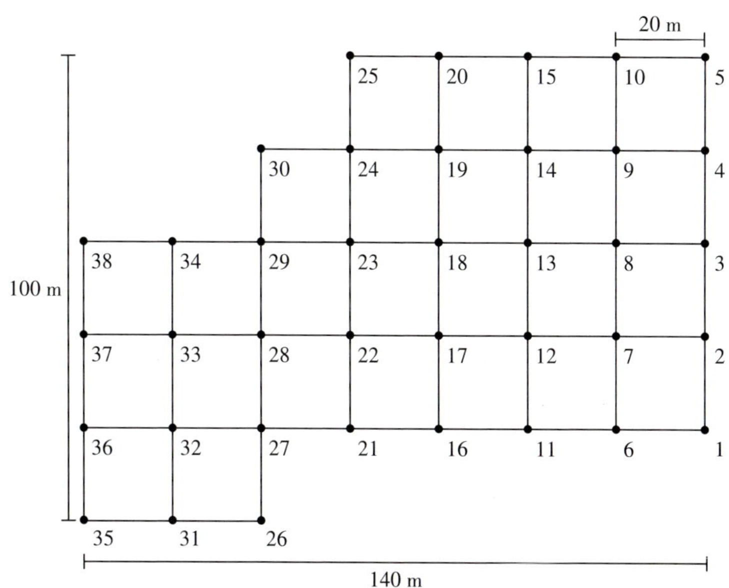

图 5-4　元厚大样地(YH)样方顶点设置示意图

5.1.2 典型植被固定监测样地监测方法

(1)样地选择:保护区各功能区。

(2)样地数量和面积:8个,每个 400 m^2。

（3）样地标定：

根据不同群系在保护区内的分布情况，在每一种植被型中选取一个分布面积大、类型典型的群系设置小型固定监测样地（20 m × 20 m），用于开展维管植物物种多样性监测。本期监测共设置8个典型植被固定监测样地，样地信息见表5-1。

表5-1　典型植被固定监测样地信息

样地代码	植被型	经度	纬度	海拔	坡度	坡向
DXA	毛竹林	106°0′50.78″E	28°25′37.04″N	497 m	27°	北偏东40°
DXB	桫椤-芭蕉-罗伞灌草丛	106°0′54″E	28°25′36.43″N	491 m	20°	南偏东48°
DXC	竹叶榕灌草丛	106°0′49.24″E	28°25′39.90″N	491 m	21°	南偏东41°
DXD	枫香树-四川大头茶混交林	106° 0′3.10"E	28°21′48.02"N	569 m	30°	西偏南11°
DXE	马尾松林	105°59′47.05"E	28°21′42.89"N	635 m	28°	西偏北21°
DXF	亮叶桦林	106° 0′28.90"E	28°21′35.69"N	895 m	35°	南偏西68°
DXG	润楠-楠木林	106° 0′36.55"E	28°21′45.86"N	1 106 m	42°	南偏西39°
DXH	栲林	106° 0′55.89"E	28°22′1.07"N	910 m	21°	南偏西31°

对样方内的乔木层植物进行每木检尺（胸径大于等于1 cm），再在每个样方内选取1个5 m × 5 m的灌木层样方和2个1 m × 1 m的草本层样方进行灌木和草本植物种类、盖度、高度等指标的调查，并对样地的郁闭度、海拔、坡度、坡位等进行调查记录。所有样方顶点均放置固定样桩以供后续开展监测工作，样方边界用塑料绳进行临时标记，在调查结束后及时移除所有临时标记，并进行无害化处理。

5.2 监测结果

5.2.1 森林大样地监测结果

5.2.1.1 群落结构分析

1. 地形地貌

贵州赤水桫椤国家级自然保护区内地面起伏较大，切割比较破碎，具有山高、坡陡、谷深的地貌特点。金沙大样地处于山坡到河谷的过渡带，元厚大样地处于山坡到绝壁的过渡带，其机载激光雷达点云高程渲染模型分别如图5-5、图5-6所示。

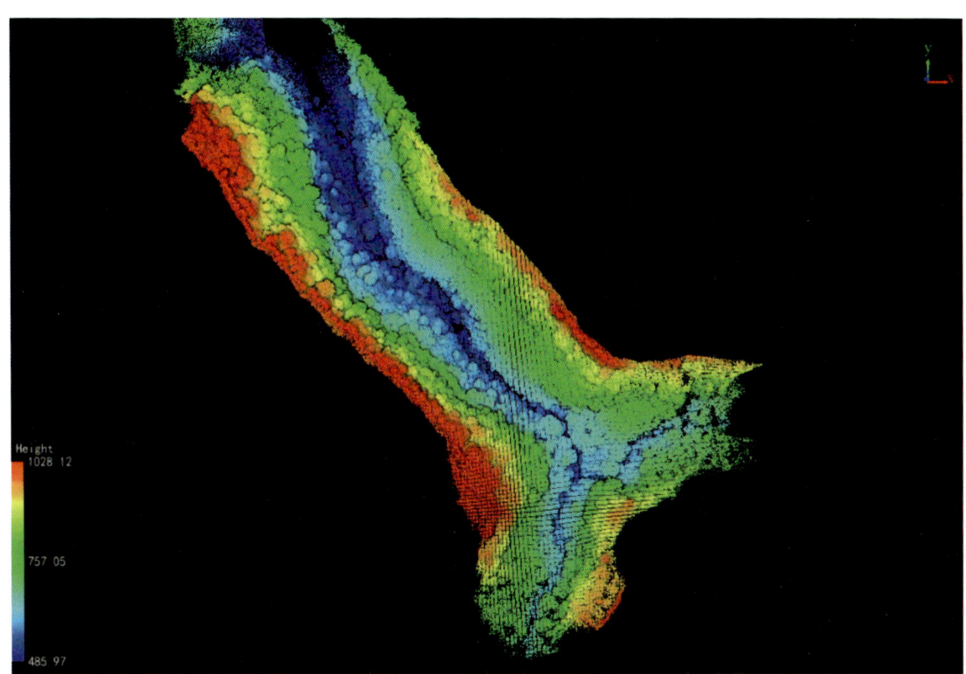

图 5-5　金沙大样地机载激光雷达点云高程渲染模型

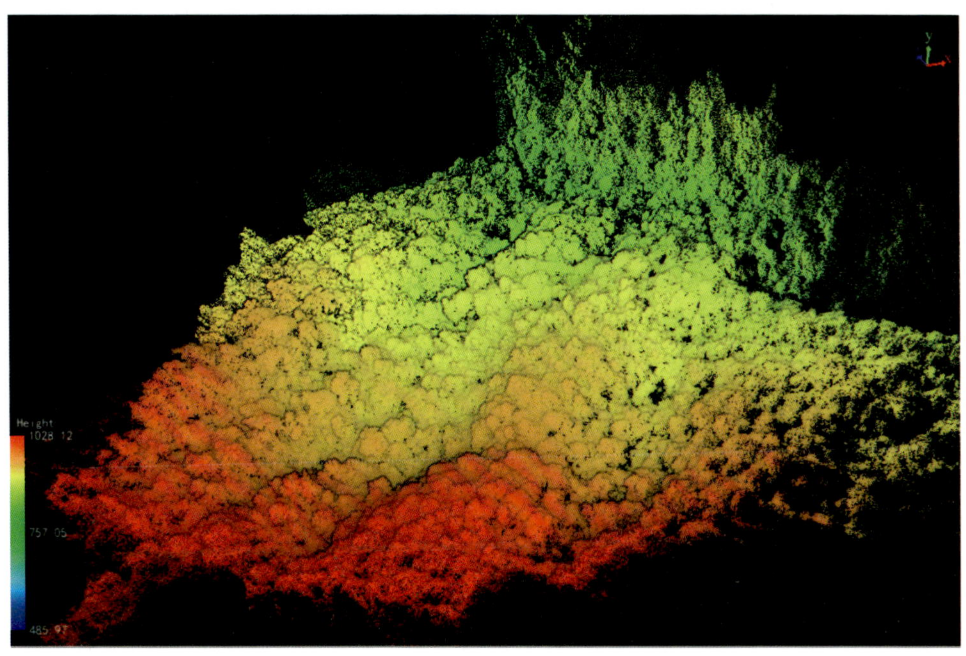

图 5-6　元厚大样地机载激光雷达点云高程渲染模型

2. 群落外貌

群落外貌是群落长期适应外界条件所形成的外部表现特征，在一定的自然环境条件下，群落表现出一定的外貌特征。不同的气候条件将促使植物群落呈现出不同的外貌特征，除植物群落所处的大气候带以外，其所处位置的小气候也将对其外貌特征产生较大影响。在不同的植被类型之间，群落的外貌特征也有所不同。在森林群落中，乔木树种的个体数目远不及灌木和草本植物多，但它会对群落环境的形成以及对其他植物产生较大的影响，因此乔木层中的优势种，又称建群种。群落的外貌特征主要由林冠层（乔木层）中优势种来体现。

金沙大样地独特的地势条件使其形成了类似南亚热带气候的特殊小气候，进而形成了类似热带雨林的群落外貌。大样地热带雨林层片的常绿阔叶林乔木层主要优势种有芭蕉、粗糠柴、川钓樟、罗伞、茜树、红果黄肉楠等，其中多年生草本植物芭蕉科芭蕉的数量最多，占样地内乔木层所有个体总数的35.6%，是保护区内河谷小气候区域群落的主要建群种。群落外貌主要由芭蕉来体现，表现为浅绿色，掺杂着许多深绿色斑块，林冠形状单一。由于群落主要由常绿阔叶树组成，所以群落外貌季相变化不明显。

元厚大样地中亚热带常绿阔叶林乔木层主要优势种有楝木、四川大头茶、赤杨叶、杉木、柃木、黄杞、毛桐、润楠、亮叶桦等，包括了一些常绿阔叶树种和落叶树种，其中楝木的重要值最大，是群落的主要建群种。群落外貌颜色主要表现为深绿色，同时夹杂着浅黄色，林冠的形状较为复杂多样，外貌的季相变化不明显，局部有差异。

3. 群落垂直结构

对两个大样地群落垂直结构进行统计分析，结果（表5-2）表明，在两个大样地中乔木层植株高度以>4~8 m的占比最大，金沙和元厚大样地分别占59.48%、62.75%；灌木层植株高度以>2~3 m的占比最大，金沙和元厚大样地分别占66.20%、72.65%；金沙与元厚大样地在草本层的高度组成中存在较大差异，金沙大样地草本层植株高度以>0.4 m为主，占73.82%，元厚大样地草本层植株高度以0.2 m及以下为主，占50.68%。基于此，把金沙大样地群落垂直结构划分为四个层次，乔木层（>9 m）、亚乔木层（3~9 m）、灌木层（1~<3 m）、草本层（<1 m）；把元厚大样地群落垂直结构划分为乔木层（>10 m）、亚乔木层（3~10 m）、灌木层（1~<3 m）、草本层（<1 m）。

乔木层的径级分布结构如图5-7所示，金沙与元厚大样地的乔木层均表现为以胸径（DBH）小于等于8 cm的植株为主，并且胸径小于等于4 cm的植株比例最高，金沙与元厚大样地所有乔木层植株的平均胸径为8.97 cm和7.06 cm。从图中可以看出，元厚与金沙大样地乔木层的径级结构基本一致，随径级增加，个体数量呈减少趋势。元厚大样地胸径小于等于8 cm的植株所占比例高于金沙大样地，达70.57%，超过其他径级占比之和。两个样地的乔木层均以小乔木为主，整体年龄结构为增长型。

表5-2　群落各结构层植株高度分布①

层次	植株高度/m	分布比例/%	
		金沙大样地	元厚大样地
乔木层	12<*H*	2.54	6.62
	8<*H*≤12	18.74	9.26
	4<*H*≤8	59.48	62.75
	H≤4	19.24	21.37
灌木层	2<*H*≤3	66.20	72.65
	1<*H*≤2	30.58	21.92
	H≤1	3.22	5.43
草本层	0.6<*H*	38.74	9.95
	0.4<*H*≤0.6	35.08	15.38
	0.2<*H*≤0.4	14.14	23.98
	H≤0.2	12.04	50.68

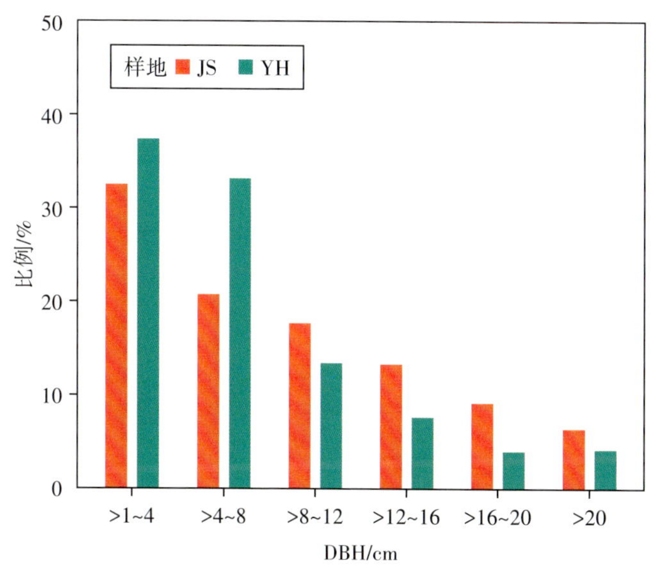

图5-7　乔木层径级分布结构

①注：调查数据在保留小数时进行了四舍五入，故部分比例数据相加后不为100%，后同。

5.2.1.2 群落重要值分析

1. 乔木层物种重要值

通过计算乔木层中各物种的重要值发现,在金沙大样地植物群落乔木层中,重要值大于或等于2%的物种共有9个(表5-3),分别为芭蕉、粗糠柴、川钓樟、罗伞、茜树、红果黄肉楠、罗浮柿、粗叶木、岩生厚壳桂。其中,芭蕉的重要值最大,达32.60%,是金沙大样地中的最优种,其次是粗糠柴(11.23%)、川钓樟(8.25%)、罗伞(5.86%)。芭蕉在相对频度、相对密度、相对优势度和重要值方面均高于或显著高于其他物种,是金沙大样地乔木层中个体数量最多、分布最广泛的物种,是金沙大样地中的建群种,对金沙大样地群落外貌形成的作用最大。对比2015—2017年调查数据,我们发现保护区重点保护物种桫椤在乔木层的重要值从0.98%上升至1.42%,表明保护区对桫椤生境的保护已初具成效。

对比2015—2017年调查数据,我们还发现两期调查的主要优势种并未发生太大变化,仅仅是粗叶木的相对优势度有较小变化,说明近年来金沙大样地植物群落相对稳定。

表5-3　金沙大样地(JS)乔木层物种重要值

物种名称	相对密度/%	相对频度/%	相对优势度/%	重要值
芭蕉	40.87	7.72	49.22	0.326 0
粗糠柴	15.57	6.79	11.33	0.112 3
川钓樟	7.89	6.79	10.08	0.082 5
罗伞	6.07	6.17	5.35	0.058 6
茜树	5.05	6.48	3.03	0.048 5
红果黄肉楠	2.58	5.25	1.16	0.030 0
罗浮柿	1.66	4.32	1.13	0.023 7
粗叶木	1.40	4.32	0.76	0.021 6
岩生厚壳桂	1.56	3.40	1.51	0.021 5
金珠柳	1.72	3.09	0.50	0.017 7
爪哇脚骨脆	1.07	2.78	0.96	0.016 0
近轮叶木姜子	1.56	1.85	1.12	0.015 1

续表

物种名称	相对密度/%	相对频度/%	相对优势度/%	重要值
杜茎山	1.02	3.09	0.24	0.014 5
桫椤	0.70	2.78	0.79	0.014 2
南酸枣	0.48	1.85	1.76	0.013 6
禾串树	0.64	1.85	1.14	0.012 1
润楠	1.18	1.54	0.91	0.012 1
薄叶润楠	0.64	1.85	1.03	0.011 8
栲	0.38	1.23	1.20	0.009 4
贵州琼楠	0.48	1.85	0.35	0.008 9
茶	0.64	1.85	0.08	0.008 6
黄杞	0.38	1.54	0.51	0.008 1
赤杨叶	0.59	1.54	0.14	0.007 6
山矾	0.32	1.54	0.26	0.007 1
四川大头茶	0.38	1.54	0.16	0.006 9
樟	0.48	0.62	0.90	0.006 7
糙叶榕	0.32	1.23	0.23	0.006 0
黄牛奶树	0.21	0.93	0.50	0.005 5
光亮山矾	0.43	0.93	0.16	0.005 1
尖叶榕	0.27	0.93	0.30	0.005 0
绒毛山胡椒	0.32	0.93	0.07	0.004 4
峨眉楠	0.16	0.31	0.83	0.004 3
尼泊尔水东哥	0.16	0.62	0.47	0.004 2
光叶山矾	0.43	0.62	0.16	0.004 0
贵州连蕊茶	0.21	0.62	0.35	0.003 9
黑壳楠	0.16	0.31	0.59	0.003 5
构棘	0.27	0.62	0.05	0.003 1
短序荚蒾	0.16	0.62	0.06	0.002 8

续表

物种名称	相对密度/%	相对频度/%	相对优势度/%	重要值
异叶榕	0.11	0.62	0.02	0.002 5
五月茶	0.11	0.62	0.01	0.002 5
猴欢喜	0.11	0.62	0.01	0.002 4
山乌桕	0.11	0.62	0.00	0.002 4
臀果木	0.05	0.31	0.31	0.002 2
刺叶冬青	0.11	0.31	0.03	0.001 5
尖连蕊茶	0.05	0.31	0.07	0.001 4
广东山胡椒	0.11	0.31	0.02	0.001 4
中华野独活	0.11	0.31	0.00	0.001 4
紫楠	0.11	0.31	0.00	0.001 4
罗浮槭	0.05	0.31	0.05	0.001 4
贵州毛柃	0.05	0.31	0.02	0.001 3
柿	0.05	0.31	0.02	0.001 3
黄檀	0.05	0.31	0.02	0.001 3
木蝴蝶	0.05	0.31	0.01	0.001 2
光叶槭	0.05	0.31	0.01	0.001 2
木姜子	0.05	0.31	0.00	0.001 2
微毛山矾	0.05	0.31	0.00	0.001 2
马比木	0.05	0.31	0.00	0.001 2
大果榕	0.05	0.31	0.00	0.001 2
细枝柃	0.05	0.31	0.00	0.001 2

在元厚大样地群落中,乔木层共有108个物种,其中重要值大于或等于2%的物种有18种(表5-4),其中重要值大于或等于3%的物种有9种,分别为梾木、四川大头茶、赤杨叶、杉木、柃木、黄杞、毛桐、润楠、亮叶桦等。与一期调查结果不同,本期调查结果显示元厚大样地乔木层中重要值最高的是梾木,达6.36%,说明在元厚大样地中梾木的优势程度已经渐渐超过赤杨叶,而原优势种赤杨叶(原重要值8.39%)

的重要值退居第三位，为5.35%。本期调查结果中重要值大于或等于5%的4个物种分别为棶木(6.36%)、四川大头茶(5.76%)、赤杨叶(5.35%)和杉木(5.18%)，4个优势种的重要值相差不大，元厚大样地中物种生长更为均衡。

在这4个优势种中，棶木的相对密度明显高于其他3个物种，但其相对频度较低，说明棶木在元厚大样地中个体数量较多，且分布较为聚集。另外，四川大头茶的相对密度较低，但相对优势度最高，因为其在样地中虽然个体数量较少，但个体较大，分布也相对广泛，所以即使四川大头茶的数量并不占优势，仍可以在样地中占据一定的优势地位。

就相对频度而言，原优势种赤杨叶的相对频度为3.65%，目前仍然是元厚大样地中分布最为广泛的物种之一，而新优势种棶木在相对频度上并未表现出明显优势，其相对聚集的分布说明当前大样地中的棶木仍在继续繁殖扩散。

同时，相比于2015—2017年的调查结果，杉木的重要值从5.57%降至5.18%，表现为相对频度、相对密度的下降以及相对优势度的上升，表明杉木主要以较大的个体存在于样地中。其分布范围的缩小和个体数目的减少表明杉木作为针叶树种正在逐渐退出群落，随着时间的推移，元厚大样地中的杉木将会逐渐减少并被阔叶树种取代。从本期的调查结果来看，元厚大样地当前未表现出平衡状态，由于杉木在逐渐退出，有更多环境资源可供阔叶树种利用，在争夺环境资源的同时物种种间竞争激烈。

表5-4　元厚大样地(YH)乔木层物种重要值

物种名称	相对密度/%	相对频度/%	相对优势度/%	重要值
棶木	8.69	2.54	7.87	0.063 6
四川大头茶	4.89	3.17	9.22	0.057 6
赤杨叶	6.34	3.65	6.17	0.053 5
杉木	5.13	3.17	7.23	0.051 8
柃木	6.29	3.17	4.59	0.046 8
黄杞	4.94	3.17	3.88	0.040 0
毛桐	2.74	3.49	4.33	0.035 2
润楠	2.93	2.69	4.80	0.034 7
亮叶桦	2.60	2.86	4.79	0.034 2

续表

物种名称	相对密度/%	相对频度/%	相对优势度/%	重要值
山矾	3.55	3.01	2.33	0.029 6
光亮山矾	4.32	3.17	1.38	0.029 6
细枝柃	3.79	3.49	1.23	0.028 4
白栎	2.40	2.38	3.34	0.027 1
枫香树	1.73	2.06	3.78	0.025 2
光叶山矾	3.36	2.54	1.52	0.024 7
麻栎	2.16	1.74	2.58	0.021 6
油桐	1.58	1.90	2.84	0.021 1
鹅耳枥	2.11	2.06	1.82	0.020 0
灯台树	1.97	2.54	1.46	0.019 9
穗序鹅掌柴	1.97	1.58	1.54	0.017 0
盐麸木	1.34	1.58	1.75	0.015 6
慈竹	2.02	1.58	1.06	0.015 5
川杨桐	1.49	1.90	1.07	0.014 9
毛脉南酸枣	0.86	0.95	1.81	0.012 1
南酸枣	0.82	1.27	1.48	0.011 9
野鸦椿	1.06	1.27	0.98	0.011 0
大花枇杷	0.82	1.90	0.52	0.010 8
城口桤叶树	1.01	1.43	0.61	0.010 1
老鼠屎	1.01	1.58	0.30	0.009 6
楠木	0.77	1.27	0.83	0.009 6
鼠刺	0.82	1.11	0.81	0.009 1
香叶树	0.82	1.11	0.56	0.008 3
绣球	0.67	0.95	0.50	0.007 1
毛叶木姜子	0.53	1.11	0.45	0.007 0
三角槭	0.48	0.95	0.60	0.006 8

续表

物种名称	相对密度/%	相对频度/%	相对优势度/%	重要值
异叶榕	0.53	1.11	0.34	0.006 6
杜鹃	0.72	0.48	0.77	0.006 6
漆	0.58	0.95	0.42	0.006 5
茜树	0.48	1.11	0.35	0.006 5
岗柃	0.72	0.79	0.28	0.006 0
化香树	0.34	0.95	0.35	0.005 4
山茶	0.48	0.79	0.28	0.005 2
爪哇脚骨脆	0.29	0.79	0.43	0.005 0
桦木	0.19	0.48	0.69	0.004 5
小叶短柱茶	0.53	0.63	0.17	0.004 4
臀果木	0.43	0.48	0.25	0.003 9
栾	0.19	0.48	0.49	0.003 9
贵州连蕊茶	0.29	0.79	0.08	0.003 9
樟	0.19	0.48	0.47	0.003 8
粗叶木	0.24	0.63	0.19	0.003 5
滇白珠	0.34	0.63	0.07	0.003 5
黄果榕	0.19	0.63	0.18	0.003 4
木荷	0.38	0.48	0.12	0.003 3
木姜子	0.19	0.63	0.08	0.003 0
红雾水葛	0.19	0.63	0.05	0.002 9
栗	0.10	0.32	0.33	0.002 5
短刺米槠	0.14	0.32	0.27	0.002 5
楤木	0.14	0.48	0.08	0.002 3
狭叶冬青	0.19	0.32	0.19	0.002 3
柿	0.14	0.48	0.04	0.002 2
尾叶樱桃	0.10	0.32	0.25	0.002 2

续表

物种名称	相对密度/%	相对频度/%	相对优势度/%	重要值
楤木	0.19	0.32	0.14	0.002 2
里白算盘子	0.19	0.32	0.13	0.002 1
绒叶木姜子	0.10	0.32	0.21	0.002 1
水麻	0.10	0.32	0.20	0.002 1
川钓樟	0.10	0.32	0.20	0.002 0
马尾松	0.14	0.32	0.13	0.002 0
短序荚蒾	0.14	0.32	0.10	0.001 9
楮	0.19	0.32	0.03	0.001 8
雾水葛	0.14	0.32	0.06	0.001 7
崖花子	0.10	0.32	0.04	0.001 5
灯笼花	0.10	0.32	0.03	0.001 5
毛叶杜鹃	0.10	0.32	0.03	0.001 5
桫椤	0.10	0.32	0.03	0.001 5
棕榈	0.05	0.16	0.23	0.001 4
山胡椒	0.10	0.32	0.01	0.001 4
冬青	0.10	0.16	0.10	0.001 2
绒毛红果树	0.14	0.16	0.04	0.001 1
五月茶	0.10	0.16	0.08	0.001 1
苦树	0.05	0.16	0.12	0.001 1
猴欢喜	0.05	0.16	0.12	0.001 1
光枝楠	0.10	0.16	0.06	0.001 0
挂苦绣球	0.10	0.16	0.05	0.001 0
川桂	0.10	0.16	0.04	0.001 0
合欢	0.05	0.16	0.07	0.000 9
贵州毛柃	0.05	0.16	0.07	0.000 9
高山栎	0.05	0.16	0.07	0.000 9

续表

物种名称	相对密度/%	相对频度/%	相对优势度/%	重要值
日本杜英	0.10	0.16	0.01	0.000 9
青藤公	0.10	0.16	0.01	0.000 9
楝	0.05	0.16	0.05	0.000 9
臭椿	0.05	0.16	0.04	0.000 8
黄牛奶树	0.05	0.16	0.03	0.000 8
云贵鹅耳枥	0.05	0.16	0.03	0.000 8
女贞	0.05	0.16	0.03	0.000 8
石岩枫	0.05	0.16	0.02	0.000 8
胡桃	0.05	0.16	0.02	0.000 8
柃木	0.05	0.16	0.02	0.000 8
陀螺果	0.05	0.16	0.02	0.000 7
红果黄肉楠	0.05	0.16	0.01	0.000 7
紫楠	0.05	0.16	0.01	0.000 7
糙叶榕	0.05	0.16	0.01	0.000 7
石楠	0.05	0.16	0.01	0.000 7
茶	0.05	0.16	0.01	0.000 7
虎皮楠	0.05	0.16	0.01	0.000 7
钝叶柃	0.05	0.16	0.01	0.000 7
蓝果树	0.05	0.16	0.00	0.000 7
海桐	0.05	0.16	0.00	0.000 7

2.灌木层物种重要值

如表5-5所列，在金沙大样地灌木层中重要值大于或等于2%的物种共有13种，分别为芭蕉、粗糠柴、桫椤、红果黄肉楠、茜树、川钓樟、润楠、近轮叶木姜子、岩生厚壳桂、杜茎山、罗伞、金珠柳、贵州琼楠。其中芭蕉的重要值最大，达20.25%，其次是粗糠柴，其重要值为10.74%。从相对频度来看，芭蕉是该样地灌木层中分布最为广泛的物种（相对频度为11.28%），其次是粗糠柴和茜树（相对频度为8.21%）。

同时芭蕉的相对密度高达16.94%,也是金沙大样地灌木层中个体数量最多的物种。

保护区主要保护植物桫椤在金沙大样地灌木层中重要值达8.06%,这与2015—2017年调查结果中桫椤的重要值(2.33%)相比有明显提升。在分布范围有限的情况下,桫椤在乔木层与灌木层中的重要值均有显著提升,这说明近年来贵州赤水桫椤国家级自然保护区对桫椤及其生境的保护取得了一定成效。

表5-5 金沙大样地(JS)灌木层物种重要值

物种名称	相对密度/%	相对频度/%	相对优势度/%	重要值
芭蕉	16.94	11.28	32.52	0.202 5
粗糠柴	14.62	8.21	9.39	0.107 4
桫椤	2.32	4.10	17.77	0.080 6
红果黄肉楠	10.21	7.18	5.04	0.074 8
茜树	8.82	8.21	3.92	0.069 8
川钓樟	4.64	6.15	6.08	0.056 2
润楠	7.19	3.08	3.88	0.047 2
近轮叶木姜子	2.55	3.08	8.02	0.045 5
岩生厚壳桂	4.41	3.08	1.64	0.030 4
杜茎山	2.78	4.10	1.38	0.027 6
罗伞	2.78	4.10	0.95	0.026 1
金珠柳	2.78	3.08	0.77	0.022 1
贵州琼楠	2.32	3.08	0.70	0.020 3
糙叶榕	1.86	3.08	0.67	0.018 7
爪哇脚骨脆	1.62	2.56	0.24	0.014 8
粗叶木	1.39	2.05	0.75	0.014 0
四川大头茶	1.16	2.05	0.96	0.013 9
罗浮柿	0.93	2.05	1.15	0.013 8
薄叶润楠	1.39	2.05	0.68	0.013 7
紫楠	0.93	2.05	0.35	0.011 1
茶	0.93	2.05	0.14	0.010 4

续表

物种名称	相对密度/%	相对频度/%	相对优势度/%	重要值
绒毛山胡椒	0.93	1.03	0.73	0.008 9
大果榕	0.70	1.54	0.11	0.007 8
光亮山矾	0.46	1.03	0.26	0.005 8
异叶榕	0.46	1.03	0.22	0.005 7
中华野独活	0.46	1.03	0.06	0.005 2
尼泊尔水东哥	0.46	0.51	0.20	0.003 9
猴欢喜	0.46	0.51	0.15	0.003 7
黄杞	0.46	0.51	0.13	0.003 7
粗叶榕	0.46	0.51	0.09	0.003 6
山矾	0.23	0.51	0.25	0.003 3
光叶山矾	0.23	0.51	0.23	0.003 2
短序荚蒾	0.23	0.51	0.14	0.002 9
黄檀	0.23	0.51	0.11	0.002 8
广东山胡椒	0.23	0.51	0.06	0.002 7
尖连蕊茶	0.23	0.51	0.06	0.002 7
栲	0.23	0.51	0.06	0.002 7
木姜子	0.23	0.51	0.06	0.002 7
川桂	0.23	0.51	0.04	0.002 6
赤杨叶	0.23	0.51	0.04	0.002 6
樟	0.23	0.51	0.02	0.002 6

在元厚大样地植物群落的灌木层中，重要值大于或等于2%的物种有18种，重要值大于或等于3%的物种共有10种（表5-6），分别为亮叶桦、赤杨叶、润楠、黄杞、楝木、柃木、四川大头茶、杉木、枫香树、光亮山矾。其中，亮叶桦的重要值最高，为7.47%，其相对优势度大于赤杨叶。赤杨叶作为乔木层的原最优种，在灌木层中的重要值为6.68%，且相对频度为4.47%，是灌木层中分布最为广泛的物种；但乔木层的最优种楝木，在灌木层中的重要值为4.30%，低于赤杨叶，且相对频度为2.37%，

与乔木层相同,楝木幼苗在样方中的分布并不广泛。这也印证了目前元厚大样地群落组成的不稳定性。

表5-6　元厚大样地(YH)灌木层物种重要值

物种名称	相对密度/%	相对频度/%	相对优势度/%	重要值
亮叶桦	6.81	4.21	11.40	0.074 7
赤杨叶	6.94	4.47	8.63	0.066 8
润楠	4.09	3.68	6.92	0.049 0
黄杞	5.20	3.95	4.35	0.045 0
楝木	4.96	2.37	5.59	0.043 0
柃木	3.72	3.68	5.29	0.042 3
四川大头茶	4.09	3.16	4.63	0.039 6
杉木	2.73	2.89	6.24	0.039 5
枫香树	2.97	2.89	5.31	0.037 2
光亮山矾	6.07	4.47	0.56	0.037 0
毛脉南酸枣	1.36	1.58	5.02	0.026 6
白栎	1.73	2.89	2.99	0.025 4
灯台树	2.11	1.84	3.61	0.025 2
毛桐	2.11	2.89	2.05	0.023 5
细枝柃	3.72	3.16	0.13	0.023 4
穗序鹅掌柴	2.97	3.16	0.30	0.021 4
山矾	2.73	2.89	0.68	0.021 0
红雾水葛	3.35	2.63	0.09	0.020 2
麻栎	1.73	1.84	2.19	0.019 2
光叶山矾	2.23	2.37	0.57	0.017 2
漆	1.12	0.79	3.25	0.017 2
三角槭	0.99	1.32	2.83	0.017 1
化香树	0.74	0.79	3.26	0.016 0
川杨桐	1.36	1.84	1.02	0.014 1

续表

物种名称	相对密度/%	相对频度/%	相对优势度/%	重要值
南酸枣	0.99	1.84	1.25	0.013 6
城口桤叶树	1.61	1.84	0.61	0.013 6
鹅耳枥	1.36	1.32	0.97	0.012 1
桦木	0.74	0.79	1.52	0.010 2
盐麸木	0.74	1.05	1.20	0.010 0
大花枇杷	1.24	1.58	0.03	0.009 5
油桐	0.87	1.32	0.63	0.009 4
岗柃	1.12	1.05	0.03	0.007 3
小叶短柱茶	0.99	1.05	0.02	0.006 9
香叶树	0.87	1.05	0.10	0.006 7
老鼠屎	0.62	1.05	0.01	0.005 6
毛叶木姜子	0.50	0.79	0.38	0.005 6
杜鹃	0.62	0.79	0.25	0.005 5
短刺米槠	0.37	0.26	0.96	0.005 3
滇白珠	0.50	1.05	0.01	0.005 2
野鸦椿	0.50	1.05	0.01	0.005 2
短序荚蒾	0.99	0.53	0.02	0.005 1
绣球	0.62	0.79	0.01	0.004 7
贵州毛柃	0.50	0.79	0.05	0.004 4
山茶	0.25	0.53	0.52	0.004 3
星毛鸭脚木	0.37	0.79	0.11	0.004 2
栲	0.37	0.53	0.36	0.004 2
爪哇脚骨脆	0.37	0.79	0.08	0.004 1
楠木	0.25	0.53	0.38	0.003 9
雾水葛	0.50	0.53	0.03	0.003 5
鼠刺	0.25	0.53	0.25	0.003 4

续表

物种名称	相对密度/%	相对频度/%	相对优势度/%	重要值
狭叶冬青	0.12	0.26	0.60	0.003 3
樟	0.25	0.26	0.46	0.003 2
黄牛奶树	0.37	0.53	0.02	0.003 1
冬青	0.37	0.53	0.02	0.003 1
紫楠	0.37	0.53	0.01	0.003 0
贵州连蕊茶	0.37	0.52	0.01	0.003 0
木姜子	0.25	0.53	0.11	0.002 9
异叶榕	0.25	0.53	0.06	0.002 8
茶	0.25	0.53	0.01	0.002 6
虎皮楠	0.25	0.53	0.01	0.002 6
绒毛红果树	0.50	0.26	0.01	0.002 6
毛樱桃	0.12	0.26	0.36	0.002 5
栾	0.12	0.26	0.35	0.002 5
石楠	0.12	0.26	0.30	0.002 3
栗	0.25	0.26	0.10	0.002 0
糙皮桦	0.12	0.26	0.17	0.001 9
钝叶柃	0.12	0.26	0.15	0.001 8
胡桃	0.12	0.26	0.14	0.001 7
马尾松	0.12	0.26	0.13	0.001 7
桤木	0.12	0.26	0.13	0.001 7
楤木	0.12	0.26	0.13	0.001 7
木荷	0.25	0.26	0.00	0.001 7
近轮叶木姜子	0.25	0.26	0.00	0.001 7
冠毛榕	0.12	0.26	0.01	0.001 3
荚蒾	0.12	0.26	0.00	0.001 3
灯笼花	0.12	0.26	0.00	0.001 3

续表

物种名称	相对密度/%	相对频度/%	相对优势度/%	重要值
里白算盘子	0.12	0.26	0.00	0.001 3
石岩枫	0.12	0.26	0.00	0.001 3
川桂	0.12	0.26	0.00	0.001 3
慈竹	0.12	0.26	0.00	0.001 3

3. 草本层物种重要值

金沙大样地位于沟谷与峭壁之间，环境湿度较大，由于岩壁的遮挡，草本层光照强度低，光照时长短，故样地草本层蕨类植物丰富。草本层重要值大于或等于2%的物种共11种，其中楼梯草(22.68%)、长叶实蕨(15.05%)、椭圆线柱苣苔(12.04%)的重要值高于10%，是金沙大样地草本层的主要优势种(表5-7)。

表5-7　金沙大样地(JS)草本层物种重要值

物种名称	相对密度/%	相对频度/%	相对优势度/%	重要值
楼梯草	24.61	23.53	19.89	0.226 8
长叶实蕨	18.85	10.59	15.72	0.150 5
椭圆线柱苣苔	13.61	5.88	16.62	0.120 4
红盖鳞毛蕨	6.28	10.59	9.96	0.089 4
边生短肠蕨	3.66	5.88	5.43	0.049 9
半边铁角蕨	4.19	4.71	3.27	0.040 5
山姜	3.14	3.53	3.56	0.034 1
边缘鳞盖蕨	3.66	2.35	3.62	0.032 1
宽羽毛蕨	2.62	2.35	3.88	0.029 5
蛇根草	2.09	4.71	1.10	0.026 3
线蕨	2.62	4.71	0.39	0.025 7
长叶水麻	0.52	1.18	4.14	0.019 5
友水龙骨	2.09	1.18	1.94	0.017 4
马齿苋	1.05	1.18	2.91	0.017 1
西南鳞盖蕨	1.05	2.35	1.55	0.016 5

续表

物种名称	相对密度/%	相对频度/%	相对优势度/%	重要值
观音草	2.09	1.18	1.29	0.015 2
翠云草	1.05	2.35	0.45	0.012 8
水麻	1.05	2.35	0.45	0.012 8
板蓝	1.05	1.18	0.97	0.010 6
江南卷柏	1.05	1.18	0.52	0.009 1
沿阶草	0.52	1.18	0.84	0.008 5
秋海棠	1.05	1.18	0.26	0.008 3
玉叶金花	0.52	1.18	0.65	0.007 8
裂叶秋海棠	0.52	1.18	0.32	0.006 7
求米草	0.52	1.18	0.13	0.006 1
紫荆	0.52	1.18	0.13	0.006 1

元厚大样地草本层重要值大于或等于2%的物种共10种(表5-8),其中以翠云草和中华里白为主,翠云草的重要值高达27.49%,略高于中华里白(19.32%)。两者对比来看,翠云草的相对密度、相对频度远高于中华里白,相对优势度略高于中华里白,可见,相对于翠云草,中华里白的分布范围并没有那么广泛,仅在一部分样方中占据绝对优势,对其他草本植物的生长存在一定影响。翠云草的分布范围更广,多生长在道路两旁和沟谷中,盖度大,在翠云草周围仍有其他物种生长。与2015—2017年调查结果相比,翠云草的重要值上升明显,中华里白的重要值相差不大。

表5-8 元厚大样地(YH)草本层物种重要值

物种名称	相对密度/%	相对频度/%	相对优势度/%	重要值
翠云草	30.77	21.43	30.28	0.274 9
中华里白	18.55	12.86	26.54	0.193 2
狗脊	11.76	10.00	9.38	0.103 8
中华复叶耳蕨	9.05	8.57	7.39	0.083 4
求米草	4.52	5.71	3.08	0.044 4
落地梅	3.17	4.29	2.19	0.032 1

续表

物种名称	相对密度/%	相对频度/%	相对优势度/%	重要值
薄叶卷柏	1.81	2.86	3.02	0.025 6
薄叶马蓝	1.36	4.29	1.24	0.023 0
芒萁	1.36	1.43	4.06	0.022 8
南天藤	1.36	2.86	2.03	0.020 8
印度野牡丹	2.26	1.43	1.62	0.017 7
小木通	1.81	2.86	0.47	0.017 1
大叶仙茅	0.90	2.86	0.97	0.015 8
淡竹叶	1.36	1.43	1.62	0.014 7
冷水花	1.36	1.43	1.22	0.013 3
短芒薹草	1.81	1.43	0.45	0.012 3
雾水葛	0.90	1.43	0.97	0.011 0
蕺菜	0.45	1.43	1.22	0.010 3
鸭跖草	1.36	1.43	0.28	0.010 2
短莛山麦冬	0.90	1.43	0.49	0.009 4
三脉紫菀	0.45	1.43	0.81	0.009 0
铜锤玉带草	0.90	1.43	0.08	0.008 0
乌蕨	0.45	1.43	0.28	0.007 2
醉魂藤	0.45	1.43	0.12	0.006 7
竹节草	0.45	1.43	0.09	0.006 6
长叶水麻	0.45	1.43	0.08	0.006 5

5.2.1.3 金沙大样地和元厚大样地群落结构对比分析

1. 群落物种组成对比分析

植物物种组成是植物群落的基本特征，本研究对样地植物物种组成进行了统计，结果见表5-9。金沙大样地植物物种共计46科64属87种，其中被子植物38科56属79种，蕨类植物8科8属8种。元厚大样地植物物种共计59科98属140种，其中被子植物54科93属135种，蕨类植物3科3属3种，裸子植物2科2属2种。两样地物种均以被子植物为主,裸子植物数量稀少或无。其中,金沙大样地在监测中未发现裸子植物,且由于金沙大样地独特的小气候,其蕨类植物在群落中占比较元厚大样地高。

表5-9 金沙大样地和元厚大样地物种组成对比

样地	门类	蕨类植物		裸子植物		被子植物		合计
		数量	比例/%	数量	比例/%	数量	比例/%	
金沙大样地	科	8	17.39	0	0	38	82.61	46
	属	8	12.50	0	0	56	87.50	64
	种	8	9.20	0	0	79	90.80	87
元厚大样地	科	3	5.08	2	3.39	54	91.53	59
	属	3	3.06	2	2.04	93	94.90	98
	种	3	2.14	2	1.43	135	96.43	140

2.群落物种重要值对比分析

物种优势度是群落分析的重要参数,可对群落中各个物种的重要程度及贡献程度进行量化,用于确定群落中优势种等,而物种优势度往往用重要值表示。金沙大样地和元厚大样地的物种组成差异较大,这跟它们所处的环境有关。金沙沟内的小气候类似于南亚热带,形成了以芭蕉为最优种的南亚热带季风常绿阔叶林群落,其中芭蕉的重要值为30.63%,远高于其他物种,另外重要值大于或等于10%的物种还有粗糠柴,其重要值为10.83%。元厚大样地的气候形成了中亚热带常绿阔叶林群落,无明显的突出优势种,其物种重要值均小于10%。金沙大样地和元厚大样地重要值前20的物种见表5-10。

表5-10 金沙大样地和元厚大样地重要值前20的物种

样地	物种		重要值
	中文名	学名	
金沙大样地	芭蕉	*Musa basjoo*	0.306 3
	粗糠柴	*Mallotus philippensis*	0.108 3
	川钓樟	*Lindera pulcherrima* var. *hemsleyana*	0.077 9
	罗伞	*Brassaiopsis glomerulata*	0.054 2

续表

样地	物种		重要值
	中文名	学名	
金沙大样地	茜树	*Aidia cochinchinensis*	0.049 6
	红果黄肉楠	*Actinodaphne cupularis*	0.035 1
	罗浮柿	*Diospyros morrisiana*	0.022 0
	岩生厚壳桂	*Cryptocarya calcicola*	0.021 7
	粗叶木	*Lasianthus chinensis*	0.020 4
	桫椤	*Alsophila spinulosa*	0.019 3
	金珠柳	*Maesa montana*	0.018 6
	杜茎山	*Maesa japonica*	0.018 6
	润楠	*Machilus nanmu*	0.017 1
	近轮叶木姜子	*Litsea elongata* var. *subverticillata*	0.016 1
	爪哇脚骨脆	*Casearia velutina*	0.015 0
	南酸枣	*Choerospondias axillaris*	0.012 3
	薄叶润楠	*Machilus leptophylla*	0.012 2
	贵州琼楠	*Beilschmiedia kweichowensis*	0.011 9
	禾串树	*Bridelia balansae*	0.010 8
	糙叶榕	*Ficus irisana*	0.010 7
元厚大样地	赤杨叶	*Alniphyllum fortunei*	0.056 1
	楝木	*Cornus macrophylla*	0.054 7
	四川大头茶	*Polyspora speciosa*	0.047 4
	杉木	*Cunninghamia lanceolata*	0.046 1
	亮叶桦	*Betula luminifera*	0.045 3
	柃木	*Eurya japonica*	0.045 0
	润楠	*Machilus nanmu*	0.040 6
	黄杞	*Engelhardia roxburghiana*	0.040 4
	光亮山矾	*Symplocos lucida*	0.029 4

续表

样地	物种		重要值
	中文名	学名	
元厚大样地	枫香树	*Liquidambar formosana*	0.029 0
	毛桐	*Mallotus barbatus*	0.028 7
	白栎	*Quercus fabri*	0.025 5
	细枝柃	*Eurya loquaiana*	0.024 5
	山矾	*Symplocos sumuntia*	0.024 3
	灯台树	*Cornus controversa*	0.022 6
	光叶山矾	*Symplocos lancifolia*	0.021 5
	麻栎	*Quercus acutissima*	0.020 1
	毛脉南酸枣	*Choerospondias axillaris* var. *pubinervis*	0.019 2
	鹅耳枥	*Carpinus turczaninovii*	0.017 6
	穗序鹅掌柴	*Heptapleurum delavayi*	0.017 5

3.群落物种多样性对比分析

物种多样性是指植物群落组成物种的丰富程度和种间分配均匀程度,能够指示群落稳定性和复杂程度,也是研究植物群落组成结构和数量的定量指标。α-多样性是指某一植物群落的物种多样性,主要包括物种丰富度和物种均匀度,常用物种丰富度指数 *S*、Shannon-Wiener 多样性指数、Simpson 指数和 Pielou 均匀度指数来综合分析群落物种多样性。通过对两个大样地分层物种丰富度的对比分析(图5-8)发现,在金沙大样地中,物种丰富度指数表现为草本层>灌木层>总体≈乔木层,其中草本层丰富度为13.61%,远高于其他层次的丰富度,这可能是由于金沙沟内独特的气候条件使样地内湿度较大,有利于草本层植物生长。在元厚大样地中,物种丰富度指数表现为灌木层≈草本层>乔木层>总体,灌木层与草本层的丰富度分别为11.94%和11.76%。对比两个大样地发现,元厚大样地中木本植物(乔木层与灌木层)的物种丰富度指数高于金沙大样地。

对两个大样地不同样方的物种丰富度指数进行分析发现,总体看来,元厚大样地样方的物种丰富度指数高于金沙大样地(图5-9)。其中,金沙大样地样方的物种丰富度指数从7.56%(JS14)到30.68%(JS18),样方间区别较大,这可能跟金沙大样地所处的地形相关。金沙大样地位于金沙沟内,部分样方邻近或包括一部分河流,因此部分样方的植物生长受限,导致其样方间物种丰富度指数差异较大。元厚大样地样方的物种丰富度指数从16.88%(YH24)至47.06%(YH16),样方间物种丰富度指数的差异较大。

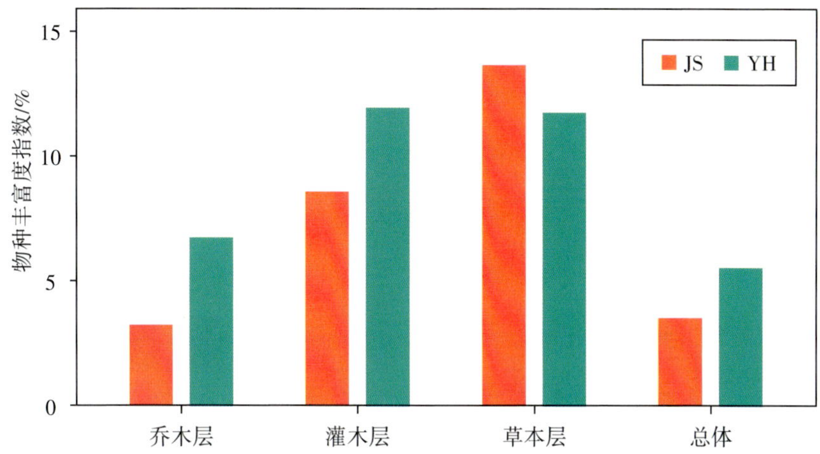

图5-8 金沙大样地(JS)与元厚大样地(YH)群落分层物种丰富度

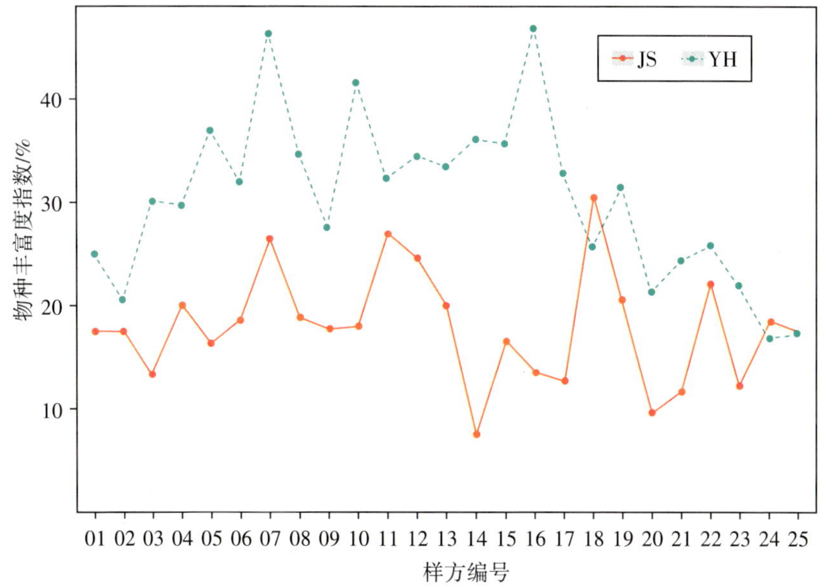

图5-9 金沙大样地(JS)与元厚大样地(YH)各样方物种丰富度比较

对金沙大样地和元厚大样地植物物种多样性进行分析发现,金沙大样地和元厚大样地的多样性指数基本一致(图5-10)。但元厚大样地的Shannon-Wiener多样性指数为3.97,明显高于金沙大样地(2.80)。金沙大样地的Simpson指数和Pielou均匀度指数分别为0.85、0.63;元厚大样地的Simpson指数和Pielou均匀度指数分别为0.97、0.81,均高于金沙大样地。

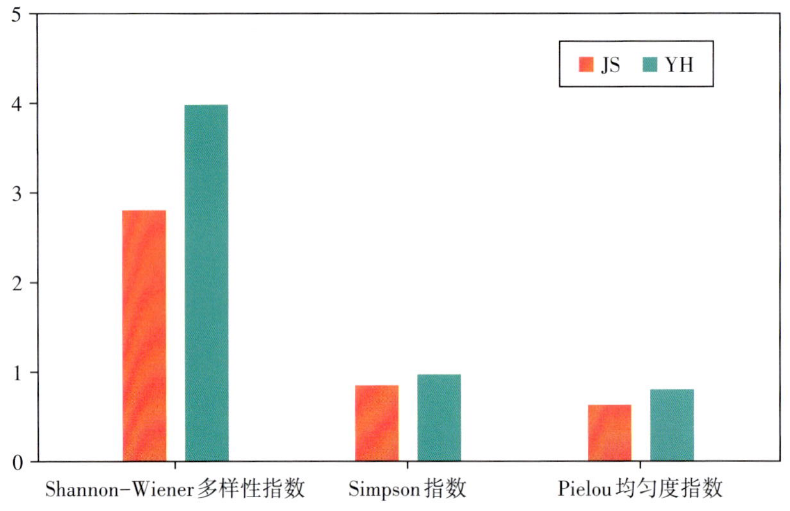

图5-10　金沙大样地(JS)与元厚大样地(YH)物种多样性指数

对两个大样地各个样方(20 m×20 m)的物种多样性进行对比分析,结果如图5-11、图5-12所示,金沙大样地样方的Shannon-Wiener多样性指数、Simpson指数和Pielou均匀度指数的范围分别为1.54~2.88、0.64~0.91、0.56~0.89,元厚大样地样方的Shannon-Wiener多样性指数、Simpson指数和Pielou均匀度指数的范围分别为2.36~3.35、0.84~0.95、0.80~0.95。两个大样地的样方均表现为Shannon-Wiener多样性指数的波动明显大于另外两个指数。对两个大样地样方的物种多样性指数对比分析发现,元厚大样地样方的多样性整体高于金沙大样地样方,且元厚大样地各个样方的物种多样性指数相较而言更加稳定。

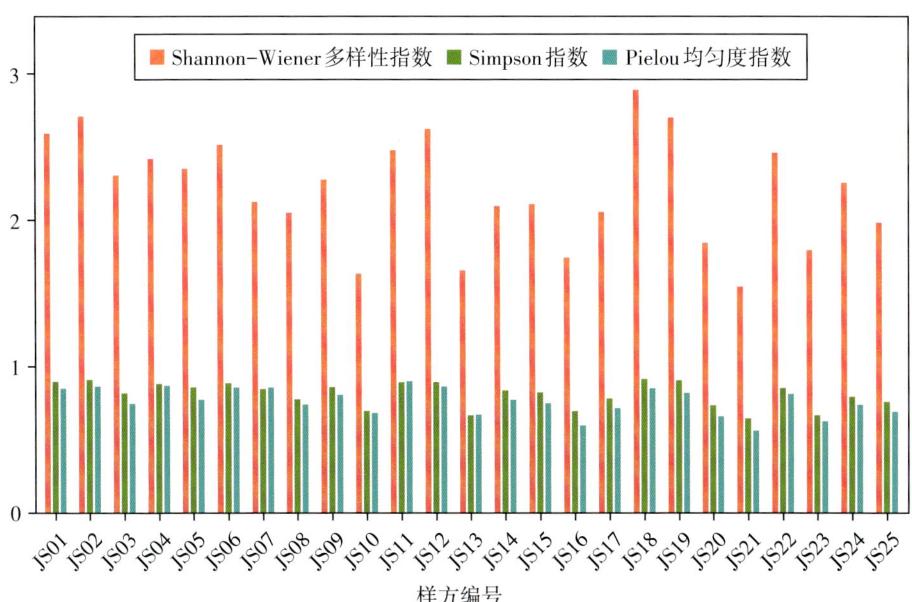

图5-11　金沙大样地(JS)各样方物种多样性指数对比

图5-12　元厚大样地(YH)各样方物种多样性指数对比

4.群落物种分布均匀度对比分析

通过对两个大样地各样方植株数和物种数进行统计(图5-13、图5-14)发现,在河谷和山壁的影响下,金沙大样地各个样方植株数量差异较大,但植株数量沿溪流表现出一定的规律，即随样方沿溪流深入，植株数量逐渐减少，这可能与样地的设置有一定关系，且靠近崖壁的样方植株数量明显高于靠近河谷的样方。元厚大样地各样方中植株数量的变化看似毫无规律，但将其与元厚大样地地形联系起来可以发现，由于山谷中光照等环境因子的影响，位于山谷的样方中往往较少存在高大乔木，低矮乔木或灌木的分布也较少，所以整体的植株数量与物种数量的差异较大。两个大样地表现出植株数与物种数的分布均与样方所处的小环境相关。

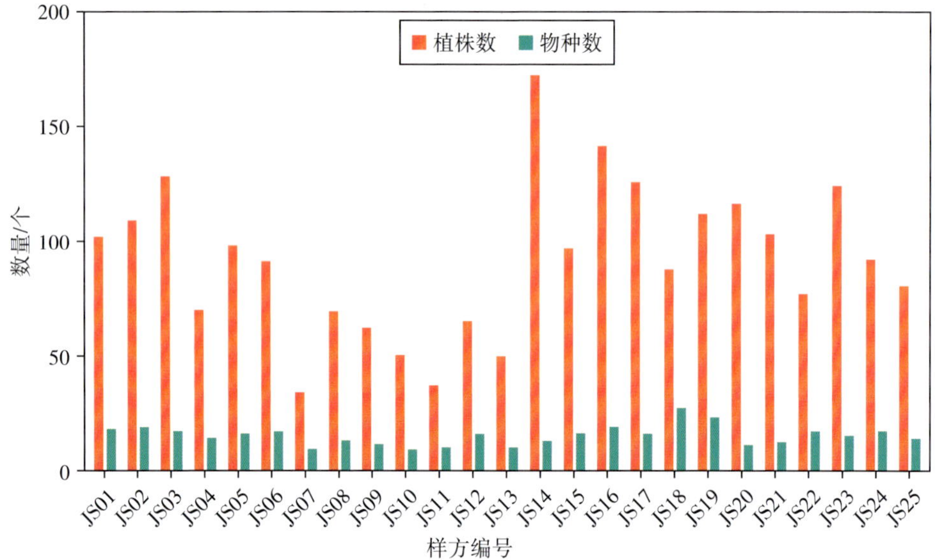

图5-13　金沙大样地(JS)各样方植株数与物种数

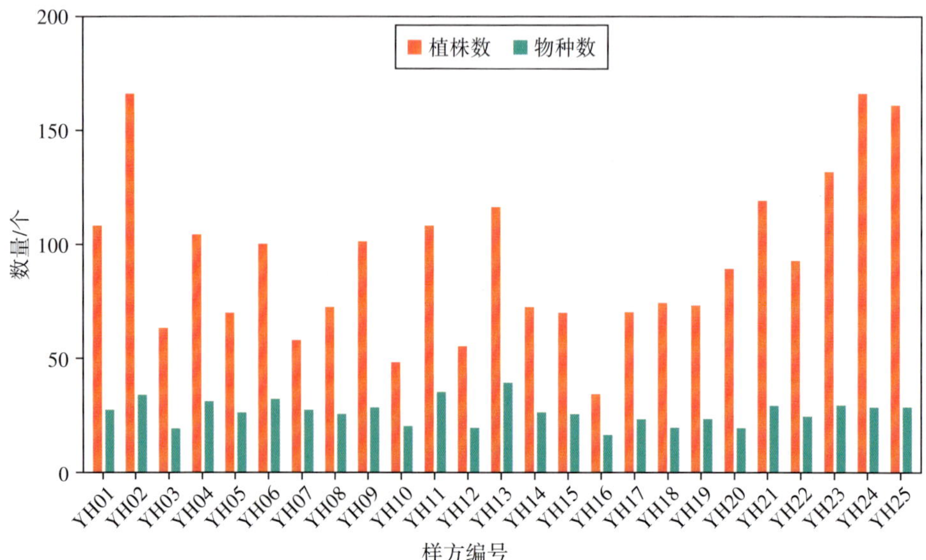

图5-14　元厚大样地(YH)各样方植株数与物种数

5. 群落物种频度对比分析

物种频度是物种在群落中出现频率的度量单位，群落中不同频度的物种呈一定的比例分布关系。统计两个大样地的物种频度级分布比例，分别与Raunkiaer频度定律的标准频度进行对比，结果如图5-15所示。分析发现：两个大样地物种A、B频度级的比例都比Raunkiaer频度定律标准频度高，D、E频度级的比例都比Raunkiaer频度定律的标准频度低，其中E频度级的比例显著低于Raunkiaer频度定律的标准频度。两个样地相较来说，金沙大样地更符合Raunkiaer频度定律的频度级关系：A>B>C≥D<E。

其中金沙大样地A频度级比例高于元厚大样地，说明位于低海拔沟谷的金沙大样地植物群落物种均匀度高于元厚大样地，植被分化和演替趋势较小。

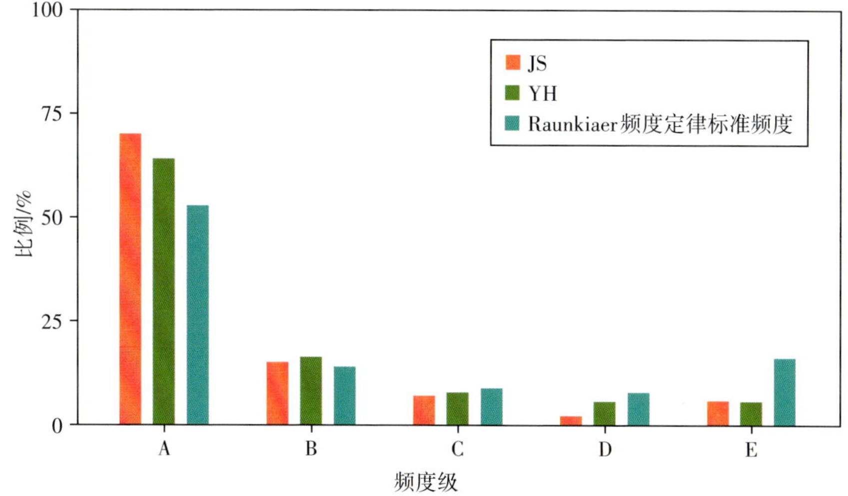

注：1%<A≤20%，20%<B≤40%，40%<C≤60%，60%<D≤80%，80%<E≤100%。

图5-15 金沙大样地（JS）与元厚大样地（YH）物种各频度级所占比例

6. 群落物种生活型对比分析

生活型谱是植物群落外貌特征分析的重要参数，是植物对相同环境条件趋同适应的结果。依照Raunkiaer提出的生活型分类系统，对金沙大样地的87个物种和元厚大样地的140个物种生活型谱进行分析，结果（图5-16）表明：两个样地均表现为高位芽植物占比最大，分别占总物种数的74.71%和83.57%。高位芽植物中又以小高位芽植物为主，金沙大样地小高位芽植物（MIP）占总物种数的40.23%；元厚大样地小高位芽植物占44.29%。两样地地上芽植物分别为8种和12种，分别占样地中总物种数的9.20%和8.57%。两样地地面芽植物各3种和4种，分别占3.45%和

2.86%。两样地地下芽植物各10种和6种，分别占11.49%和4.29%。两个样地中均以一年生植物最少，都只有一种。

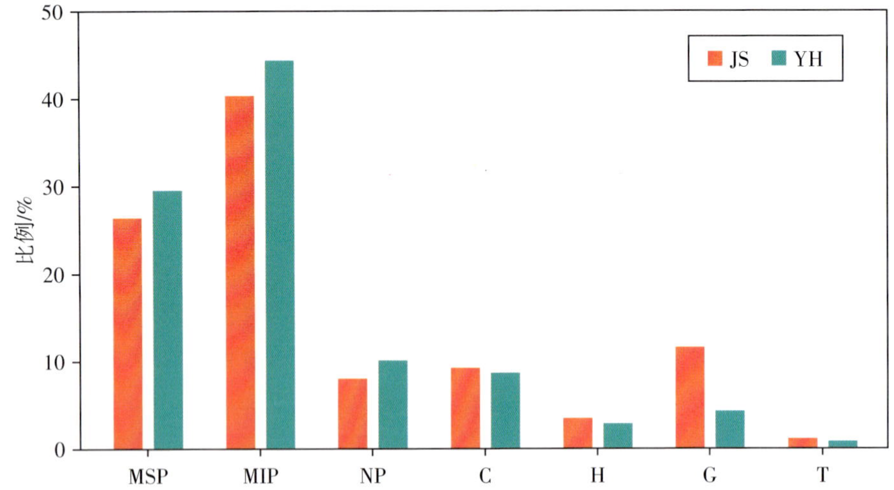

注：MSP=中高位芽；MIP=小高位芽；NP=矮高位芽；C=地上芽；H=地面芽；G=地下芽；T=一年生。

图5-16　金沙大样地与元厚大样地群落物种生活型分布比例

7.群落径级结构对比分析

胸径大于1 cm的木本植物（乔木和灌木）的径级分布结构如图5-17所示，两个样地的乔木和灌木都以胸径小于等于8 cm的个体为主，且小于等于4 cm的占比最大。随径级的上升，植株数量逐渐减少，整个群落呈现出增长的良好趋势，这种径级结构有助于稳定群落，让群落不至于走向衰退。

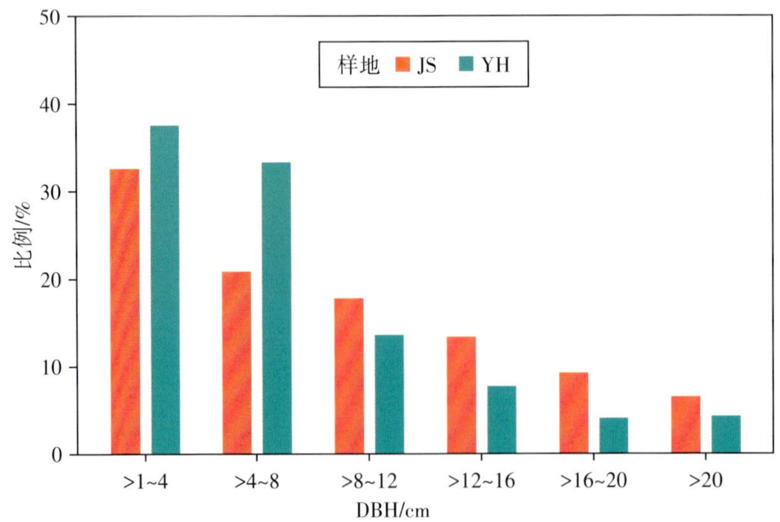

图5-17　金沙大样地（JS）与元厚大样地（YH）木本植物径级分布结构

8.群落主要优势种的径级结构对比分析

金沙大样地中重要值排名前5位的物种分别为芭蕉、粗糠柴、川钓樟、罗伞和茜树，它们的径级分布结构如图5-18所示。芭蕉是金沙大样地的建群种，作为草本植物，其适应性强、生长速度快、生活周期短、更新迅速的物种特征使其在样地中幼小个体（DBH<5 cm）较少，中等个体（5~<15 cm）较多（占总数的62.77%）。粗糠柴、川钓樟与茜树的径级分布结构均呈较为标准的金字塔形，即随胸径增大个体数量减少，为典型的增长型种群，在金沙沟中的生长状态良好。罗伞的径级结构表现为胸径小于5 cm的个体与位于10~<15 cm的个体数量几乎一致，种群径级分布结构并未呈现出标准的金字塔形，但总体来说较小个体的数量仍略高于大个体的数量。

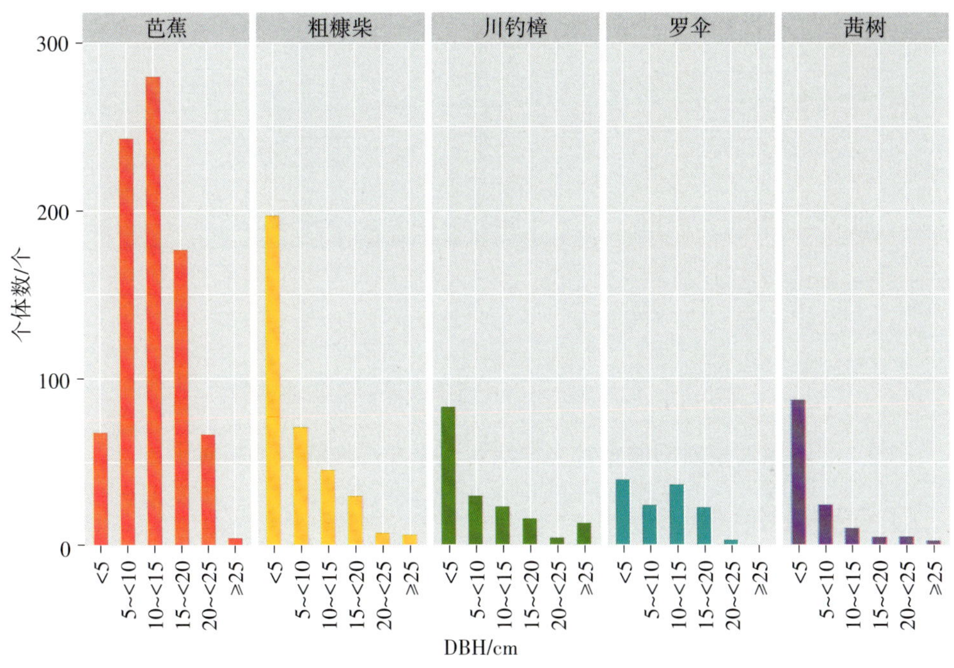

图5-18　金沙大样地(JS)主要优势种径级分布结构

元厚大样地中物种重要值排名前5位的物种分别为赤杨叶、楝木、四川大头茶、杉木、亮叶桦，其径级分布结构如图5-19所示。其中，楝木、四川大头茶的种群径级分布结构都表现为近似的金字塔形，都是典型的增长型群落，种群生长前景良好。特别是楝木作为乔木层的新优势种，从其径级结构可以发现，楝木幼小植株（DBH<10 cm）数量远远多于其成熟植株数量，表现出了新晋优势种的数量特征。因此，楝木在样地中的后续竞争能力与其生长情况对元厚大样地的主要物种组成有着一定影响。赤杨叶的径级分布结构虽未能表现出标准的金字塔形，但其幼小植株仍多

于成熟植株,整个种群仍表现为增长型的年龄结构。另外两个种群(杉木、亮叶桦)的径级分布结构中,幼小植株的数量并不可观,尤其是亮叶桦的幼株数量极少,随着时间推移,其在元厚大样地中的生长情况并不乐观。

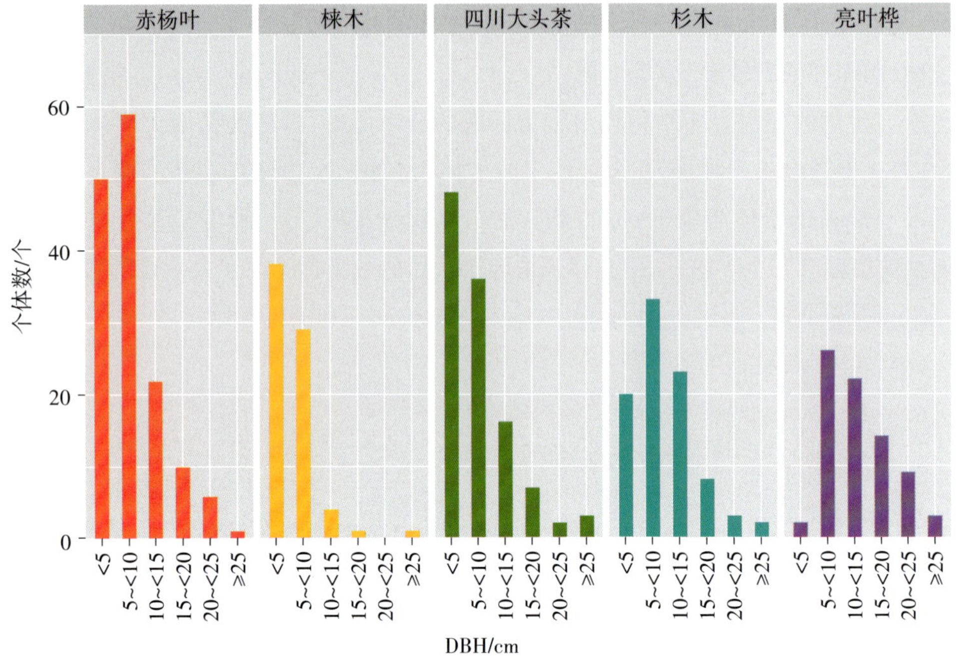

图5-19　元厚大样地(YH)主要优势种径级分布结构

5.2.1.4 不同调查时间的金沙大样地和元厚大样地群落结构对比

1. 群落物种组成对比

分析两期调查中两个森林大样地的物种组成(表5-11)发现,2015—2017年金沙大样地中的物种共55科75属104种,而2023年金沙大样地中的物种共46科64属87种,植物物种数量有一定减少。在元厚大样地中,2015—2017年物种共58科97属123种,2023年物种共59科98属140种,植物物种数量有所上升。由此可看出,海拔较高、位于山坡上的元厚大样地相对于海拔较低、位于沟谷中的金沙大样地更有利于物种数量维持或增多。

表5-11　2015—2017年与2023年森林大样地物种组成

年份	门类		蕨类植物		裸子植物		被子植物		合计
			数量	比例%	数量	比例%	数量	比例%	
2015—2017年	金沙大样地	科	9	16.4	0	0	46	83.6	55
		属	9	12.0	0	0	66	88.0	75
		种	9	8.7	0	0	95	91.3	104
2023年	金沙大样地	科	8	17.4	0	0	38	82.6	46
		属	8	12.5	0	0	56	87.5	64
		种	8	9.2	0	0	79	90.8	87
2015—2017年	元厚大样地	科	6	10.3	2	3.4	50	86.2	58
		属	7	7.2	2	2.1	88	90.7	97
		种	7	5.7	2	1.6	114	92.7	123
2023年	元厚大样地	科	3	5.1	2	3.4	54	91.5	59
		属	3	3.1	2	2.0	93	94.9	98
		种	3	2.1	2	1.4	135	96.4	140

2.群落物种重要值对比

对2015—2017年和2023年两个森林大样地群落重要值前20位的物种对比分析(表5-12)发现,金沙大样地中主要物种组成差异不大,但它们重要值的相对顺序有些变化。比如:2015—2017年重要值排名第3位的粗叶木(6.2%)在2023年重要值下降至第9位(2.04%);芭蕉在金沙大样地中的重要值上升,由2015—2017年的28.3%上升至2023年的30.63%;重点保护物种桫椤的重要值由1.8%上升至1.93%,上升幅度较小,但也是一个较好的变化趋势。在元厚大样地中,赤杨叶的重要值由2015—2017年的6.5%降至2023年的5.61%,但仍是样地中的优势种;针叶树杉木的重要值由6.4%降至4.61%。2023年元厚大样地中主要物种的重要值差异变小,可以说明针叶树(杉木、马尾松)在退出群落的过程中为阔叶树种提供了更多的生存空间,促进了物种间的相互竞争,这有助于保持样地的物种多样性。

表5-12 2015—2017年与2023年森林大样地群落物种重要值对比(胸径大于等于1 cm的前20种)

样地	2015—2017年		2023年	
	物种	重要值	物种	重要值
金沙大样地	芭蕉	0.283	芭蕉	0.306 3
	粗糠柴	0.101	粗糠柴	0.108 3
	粗叶木	0.062	川钓樟	0.077 9
	川钓樟	0.059	罗伞	0.054 2
	红果黄肉楠	0.048	茜树	0.049 6
	罗伞	0.045	红果黄肉楠	0.035 1
	茜树	0.036	罗浮柿	0.022 0
	罗浮柿	0.031	岩生厚壳桂	0.021 7
	糙叶榕	0.029	粗叶木	0.020 4
	金珠柳	0.029	桫椤	0.019 3
	黄牛奶树	0.026	金珠柳	0.018 6
	桫椤	0.018	杜茎山	0.018 6
	爪哇脚骨脆	0.018	润楠	0.017 1
	毛叶木姜子	0.016	近轮叶木姜子	0.016 1
	山矾	0.012	爪哇脚骨脆	0.015 0
	楠木	0.012	南酸枣	0.012 3
	贵州毛柃	0.010	薄叶润楠	0.012 2
	巴东荚蒾	0.010	贵州琼楠	0.011 9
	木姜子	0.009	禾串树	0.010 8
	润楠	0.009	糙叶榕	0.010 7
元厚大样地	光皮梾木	0.093	赤杨叶	0.0561
	赤杨叶	0.065	梾木	0.054 7
	柃木	0.064	四川大头茶	0.047 4
	杉木	0.064	杉木	0.046 1
	亮叶桦	0.052	亮叶桦	0.045 3

样地	2015—2017年		2023年	
	物种	重要值	物种	重要值
元厚大样地	毛桐	0.052	柃木	0.045 0
	毛脉南酸枣	0.041	润楠	0.040 6
	盐麸木	0.037	黄杞	0.040 4
	灯台树	0.036	光亮山矾	0.029 4
	楠木	0.026	枫香树	0.029 0
	毛叶木姜子	0.026	毛桐	0.028 7
	水麻	0.026	白栎	0.025 5
	白栎	0.024	细枝柃	0.024 5
	山矾	0.020	山矾	0.024 3
	四川大头茶	0.020	灯台树	0.022 6
	木姜子	0.020	光叶山矾	0.021 5
	油桐	0.019	麻栎	0.020 1
	黄杞	0.017	毛脉南酸枣	0.019 2
	枫香树	0.017	鹅耳枥	0.017 6
	穗序鹅掌柴	0.014	穗序鹅掌柴	0.017 5

注:一期调查数据中的物种重要值只保留了三位小数,为更好地分析二期调查数据,2023年的物种重要值保留了四位小数。

3.群落物种多样性对比

对2015—2017年和2023年物种多样性进行对比分析(图5-20)发现,两个大样地的Shannon-Wiener多样性指数和Pielou均匀度指数都有所降低。2015—2017年,金沙大样地和元厚大样地的Shannon-Wiener多样性指数分别为3.79、5.04,Pielou均匀度指数分别为0.86、1.08;2023年,金沙大样地和元厚大样地的Shannon-Wiener多样性指数分别为2.80、3.97,Pielou均匀度指数分别为0.63、0.81。2015—2017年金沙大样地和元厚大样地的Simpson指数分别为0.85、0.94,2023年金沙大样地和元厚大样地的Simpson指数分别为0.85、0.97。

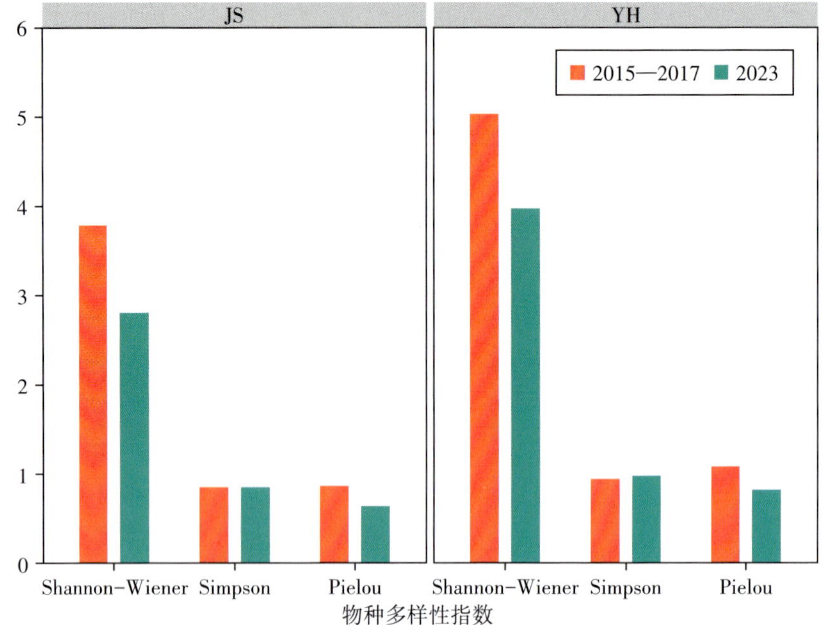

图 5-20　2015—2017 年与 2023 年金沙大样地(JS)和元厚大样地(YH)物种多样性对比

4. 群落植株数与物种数对比

对金沙大样地两期植被调查结果中各个样方的植株数量进行分析(图 5-21),可以看出,共 25 个样方中,JS14 等 15 个样方的植株数量有所上升,其余 10 个样方植株数量减少。

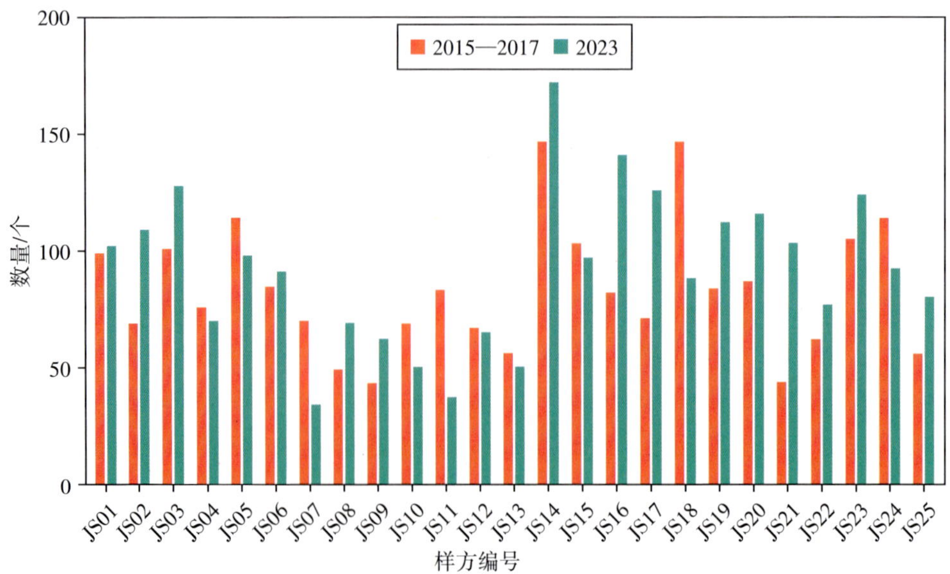

图 5-21　2015—2017 年与 2023 年金沙大样地(JS)样方植株数对比

对金沙大样地两期植被调查结果中各样方的物种数量进行对比分析(图5-22)发现,11个样方中的物种数量呈上升趋势,其余14个样方呈下降趋势或基本不变。

图5-22　2015—2017年与2023年金沙大样地(JS)样方物种数对比

对元厚大样地两期植被调查结果进行对比分析(图5-23)发现,从各个样方植株数量来看,整体表现为12个样方植株数量增加,其余13个样方植株数量减少。其中,YH24样方植株数量减少最为明显,从2015—2017年的290株减少至2023年的166株。

图5-23　2015—2017年与2023年元厚大样地(YH)样方植株数对比

从两期植被调查结果的各样方物种数量的对比分析(图5-24)来看,与植株数量变化趋势不同的是,大部分样方(19个)均呈现出上升的趋势,仅6个样方物种数量减少。其中YH13样方物种数增加最多,从2015—2017年的19个物种上升至2023年的39个物种。

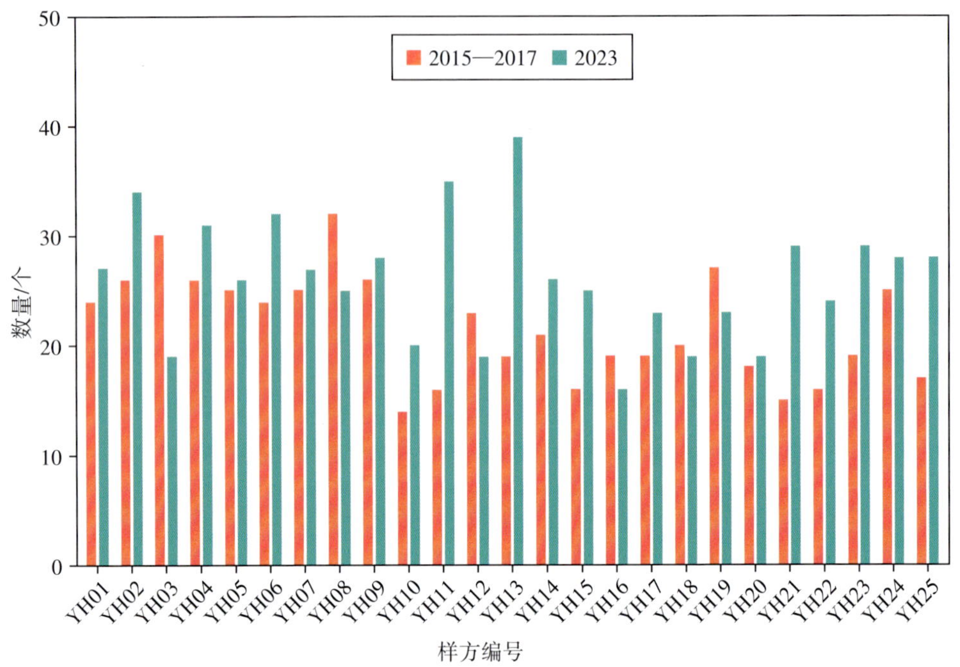

图5-24　2015—2017年与2023年元厚大样地(YH)样方物种数对比

5.群落垂直结构对比

通过对金沙大样地两期植被调查的群落垂直结构进行分析(表5-13)发现:乔木层中树高大于12 m的树木占比并不高,但树高小于等于4 m的树木数量占比明显降低,从2015—2017年43.8 %降低至2023年的19.24 %,树高在8 m(不含)至12 m与4 m(不含)至8 m的树木数量占比均有所上升;灌木层中较为高大的灌木(树高大于2 m)占比明显增多,树高小于等于1 m的树木占比大量减少;草本层中,高度大于40 cm的植株占比上升,高度小于等于40 cm的植株占比下降。从三个层次的变化看来,在不同分层中,较为高大的树木(或草本)占比上升,矮小植株占比下降。

表5-13　2015—2017年与2023年金沙大样地植株高度分布

层次	植株高度/m	比例/%	
		2015—2017年	2023年
乔木层	12<*H*	1.1	2.54
	8<*H*≤12	9.8	18.74
	4<*H*≤8	45.4	59.48
	H≤4	43.8	19.24
灌木层	2<*H*≤3	6.3	66.20
	1<*H*≤2	56.3	30.58
	H≤1	37.5	3.22
草本层	0.6<*H*	9.7	38.74
	0.4<*H*≤0.6	11.1	35.08
	0.2<*H*≤0.4	29.2	14.14
	H≤0.2	50.0	12.04

对2015—2017年与2023年元厚大样地两期调查的群落垂直结构进行分析(表5-14)可知:乔木层中树高大于4 m小于等于8 m的树木占比从49.0 %上升至62.75 %,树高大于12 m的树木占比有所增加;灌木层中高度小于等于1 m的树木占比由14.3 %下降至5.43 %,高度大于2 m的树木占比有所上升;草本层中高度大于20 cm的个体占比均有所降低,高度小于等于20 cm植株占比从23.3 %上升至50.68 %。

表5-14　2015—2017年与2023年元厚大样地植株高度分布

层次	植株高度/m	比例/%	
		2015—2017	2023
乔木层	12<*H*	1.9	6.62
	8<*H*≤12	9.8	9.26
	4<*H*≤8	49.0	62.75
	H≤4	39.3	21.37

续表

层次	植株高度/m	比例/%	
		2015—2017	2023
灌木层	2<H≤3	64.3	72.65
	1<H≤2	21.4	21.92
	H≤1	14.3	5.43
草本层	0.6<H	16.4	9.95
	0.4<H≤0.6	16.4	15.38
	0.2<H≤0.4	43.8	23.98
	H≤0.2	23.3	50.68

6. 群落径级结构对比

如图5-25所示，金沙大样地2023年与2015—2017年的群落径级结构相似，各径级占比差异不大。两期调查结果表现为胸径小于等于8 cm的个体占比最大，2015—2017年个体占比为55.26 %，2023年个体占比为53.25 %，占比略有降低。

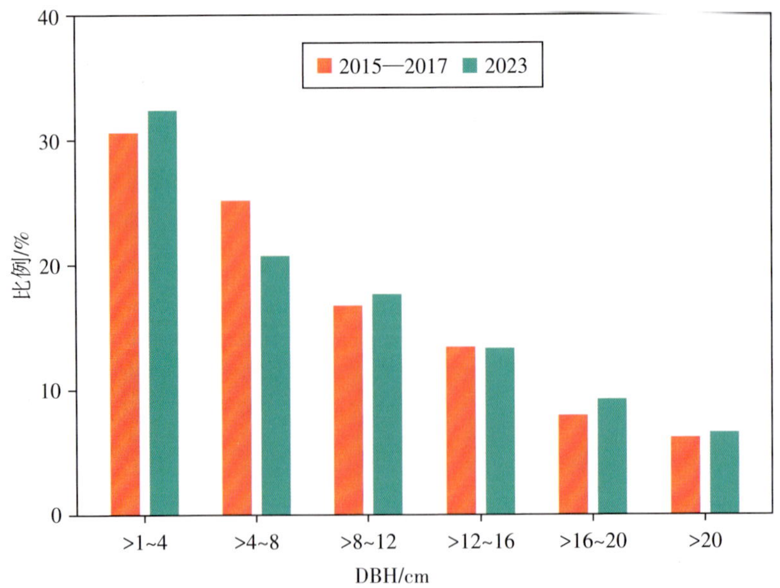

图5-25　2015—2017年与2023年金沙大样地(JS)群落径级结构对比

如图5-26所示，元厚大样地2023年与2015—2017年的群落径级结构相似，均表现为胸径小于等于8 cm的个体占比远高于胸径大于8 cm的个体占比。其中胸径小于等于8 cm的个体2015—2017年占比为76.47 %,2023年占比为70.56 %,略有下降。

图5-26　2015—2017年与2023年元厚大样地(YH)群落径级结构对比

7.群落总生物量对比

根据异速生长模型,计算金沙大样地和元厚大样地2015—2017年与2023年两期调查的木本植物(胸径>1 cm)的生物量,结果(图5-27)显示:两个大样地的生物量均有一定的增加,两期调查均表现为元厚大样地的生物量高于金沙大样地。并且这种差距在2023年的调查中更加显著,元厚大样地的生物量(8.266 t)明显高于金沙大样地的生物量(5.249 t)。

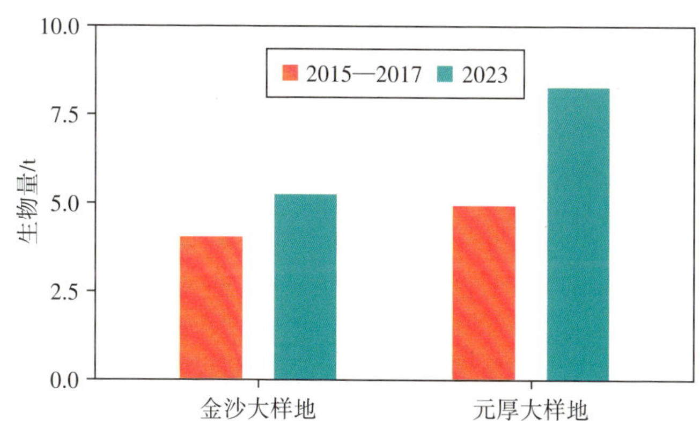

图5-27　2015—2017年与2023年两样地木本植物生物量对比

(1)金沙大样地木本植物生物量对比。

据统计分析,金沙大样地的生物量由2015—2017年的3.999 t增加到2023年的5.249 t,生物量增加了1.25 t。进一步对金沙大样地的生物量进行细化分析,从25个20 m×20 m样方的生物量调查结果(图5-28)可以看出,与2015—2017年相比,2023年金沙大样地大多样方的生物量都有一定程度的增加。金沙大样地沟谷地势导致其微环境差异较大,因此,两期调查的各个样方的生物量差异较大。2023年生物量最低的是JS13样方(667.23 kg)、最高的是JS19样方(5 148.95 kg)。

图5-28　2015—2017年与2023年金沙大样地样方生物量对比

(2)元厚大样地木本植物生物量对比。

据统计分析,元厚大样地的生物量由2015—2017年的4.920 t增加到2023年的8.266 t,生物量增加了3.346 t。进一步对元厚大样地的生物量进行细化分析,从25个20 m×20 m样方的生物量调查结果(图5-29)可以看出,从2015—2017年到2023年,大多样方的生物量表现为增加,仅有3个样方的生物量表现为下降。2023年元厚大样地中生物量最低的是YH23样方(1 894.93 kg)、最高的是YH17样方(7 286.30 kg)。

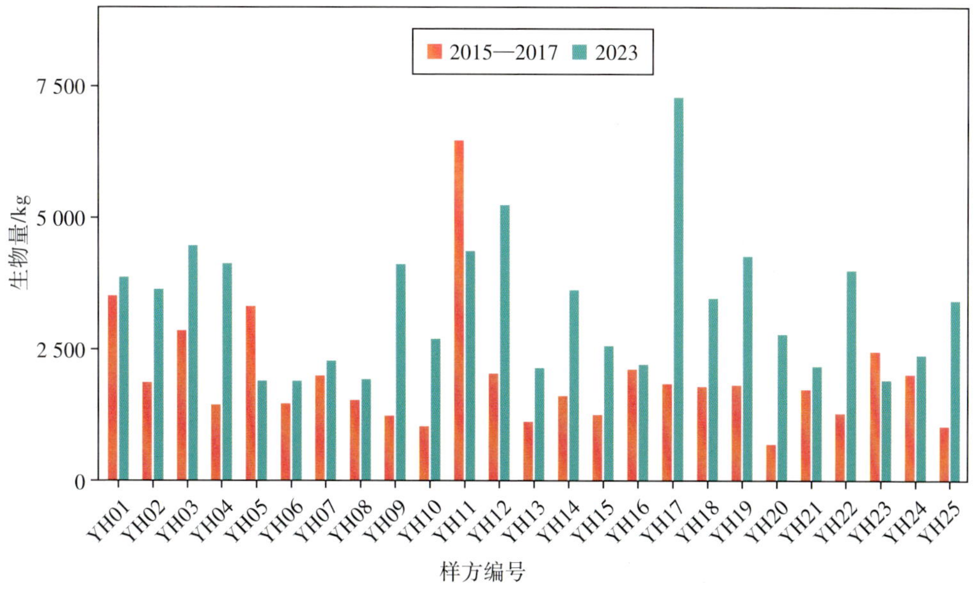

图5-29　2015—2017年与2023年元厚大样地样方生物量对比

5.2.1.5 外来入侵物种

根据生态环境部发布的入侵生物名单(共四版)对2015—2017年与2023年调查物种进行筛选,两期植被调查的样地中仅有菊科的小蓬草为入侵物种(表5-15)。小蓬草原产北美洲,现在中国南北各地区广泛分布。小蓬草生长于旷野、荒地、田边和路旁,为一种见的杂草。近年来,样地内未新增入侵物种,可见,保护区在外来入侵物种防御方面工作成效显著。

表5-15　样地内入侵物种名单

调查时间	科	属	种	学名
2015—2017年	菊科	飞蓬属	小蓬草	*Erigeron canadensis*
2023年	菊科	飞蓬属	小蓬草	*Erigeron canadensis*

5.2.1.6 物种格局与关联性分析

1. 金沙大样地

将2023年金沙大样地中所有胸径大于1 cm的木本植物位置表示出来,如图5-30所示。由于金沙沟地势险峻,金沙大样地有较少部分样方位于河流中,因此出现部分样方内树木较少的情况。

对2015—2017年金沙大样地中的植被调查结果进行分析,如图5-31所示,优势种芭蕉表现为一定程度的聚集分布;桫椤主要分布在金沙沟岸边等较为潮湿的环境中;其余胸径大于等于1 cm的木本植物表现为随机分布。

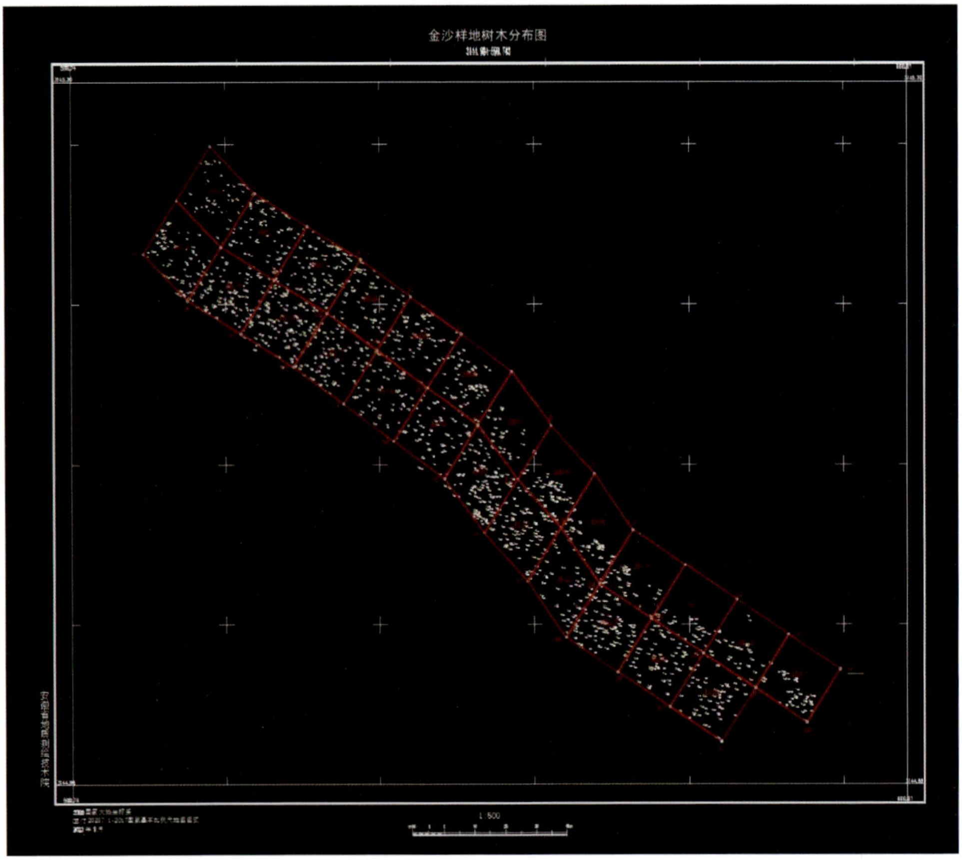

图5-30　2023年金沙大样地样方树木分布点位图

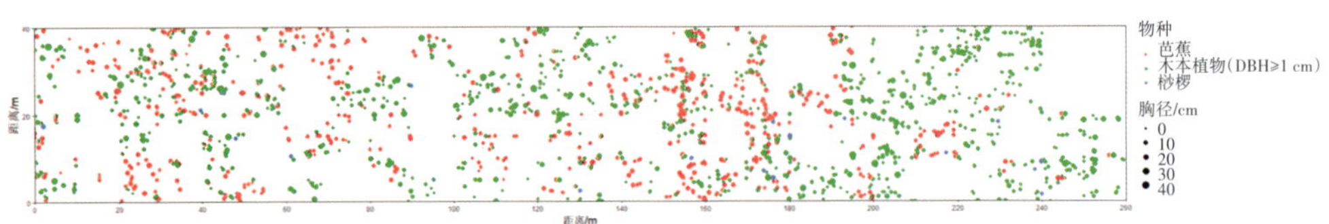

图5-31　2015—2017年金沙大样地样方树木分布点位图

对金沙大样地中幼树(树高≤3 m)与成树(树高>3 m)的空间格局进行分析,金沙大样地中的幼树在0~40 m的尺度上表现为显著聚集分布,在105.0~152.5 m的尺度上表现为均匀分布(图5-32)。成树在0~27.5 m的尺度上表现为聚集分布,在127.5~175.0 m的尺度上接近或达到均匀分布,其余尺度均表现为随机分布(图5-33)。对金沙大样地幼树与成树之间的关联性进行分析,如图5-34所示,幼树与成树整体的空间关联性以不相关为主,在0~42.5 m的尺度上表现为正相关,在102.5~170.0 m的尺度上表现为负相关。

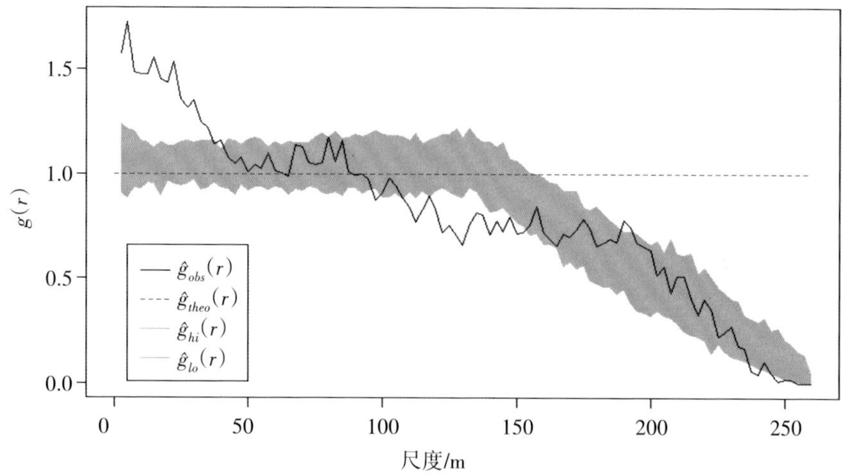

图5-32 金沙大样地幼树空间分布格局

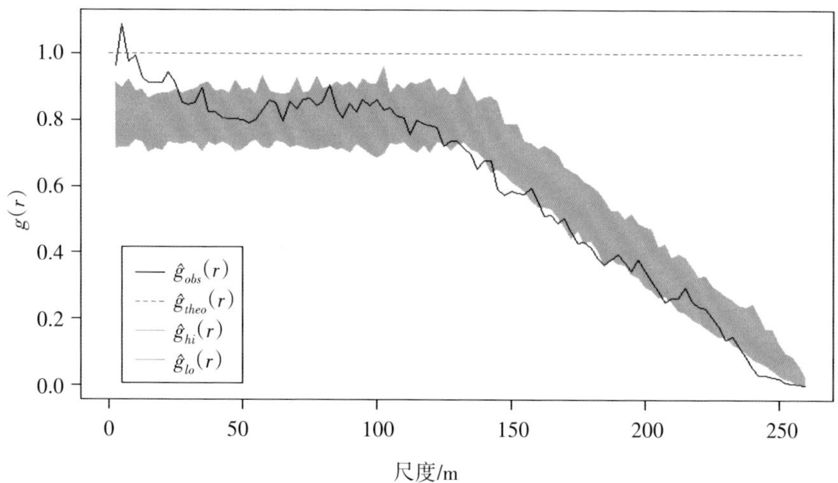

图5-33 金沙大样地成树空间分布格局

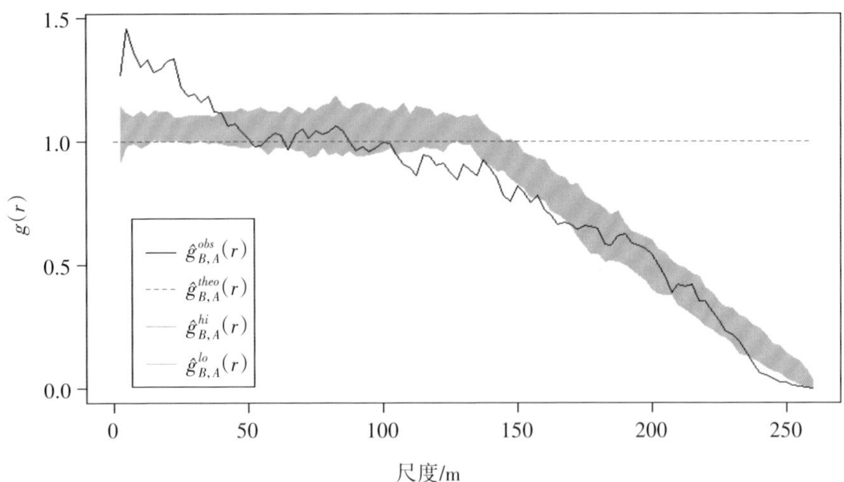

图5-34　金沙大样地幼树与成树的空间关联性分析

2.元厚大样地

如图5-35所示,在元厚大样地中,所有树木表现为随机分布。在实地调查中发现,在部分样方中,由于地势不同而形成的小气候不同,树木数量和种类较少,主要表现为:在山沟中存在极大乔木,草本植物茂盛;在山坡上树木种类较多,树木个体相对较小,部分幼树表现为环绕母树(成树)生长。由图5-36可见,一期调查时元厚大样地中树木的分布与本期调查结果基本相似,部分样方中的树木大且少,而另外一部分样方中的树木表现为幼小个体较多。

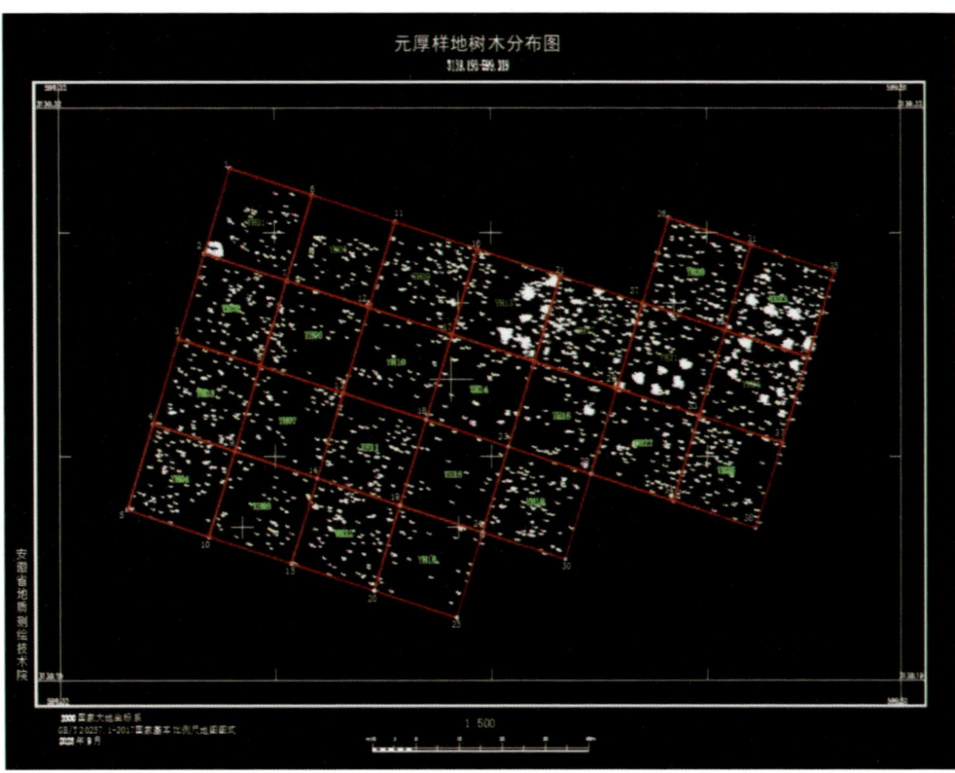

图 5-35　2023 年元厚大样地样方树木分布点位图

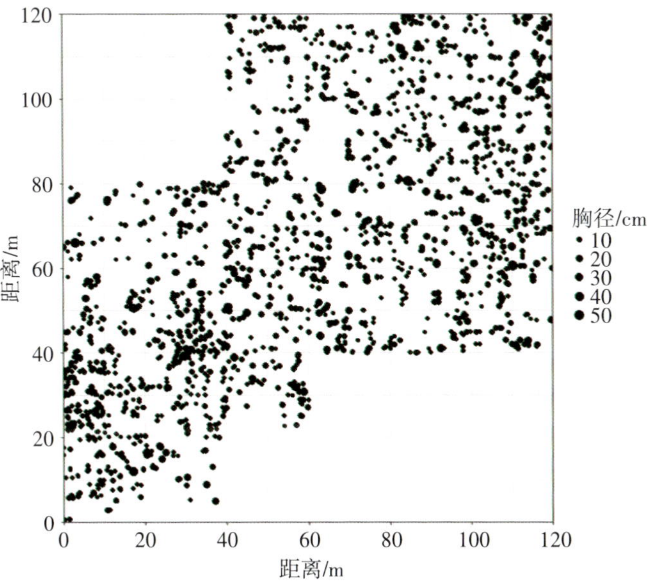

图 5-36　2015—2017 年元厚大样地样方树木分布点位图

元厚大样地的幼树、成树空间分布格局显示(图5-37、图5-38):元厚大样地样方中的幼树在0~25 m的尺度上表现出聚集分布,在57.5~107.5 m的尺度上表现为均匀分布;成树在0~47.5 m的尺度上表现为聚集分布,在52.5~102.5 m的尺度上表现为均匀分布。对幼树与成树的空间关联性进行分析(图5-39)发现,与金沙大样地不同的是,在元厚大样地中,幼树与成树表现出较强的空间关联性,在0~37.5 m的尺度上表现为正相关,在50~95 m的尺度上表现为负相关。

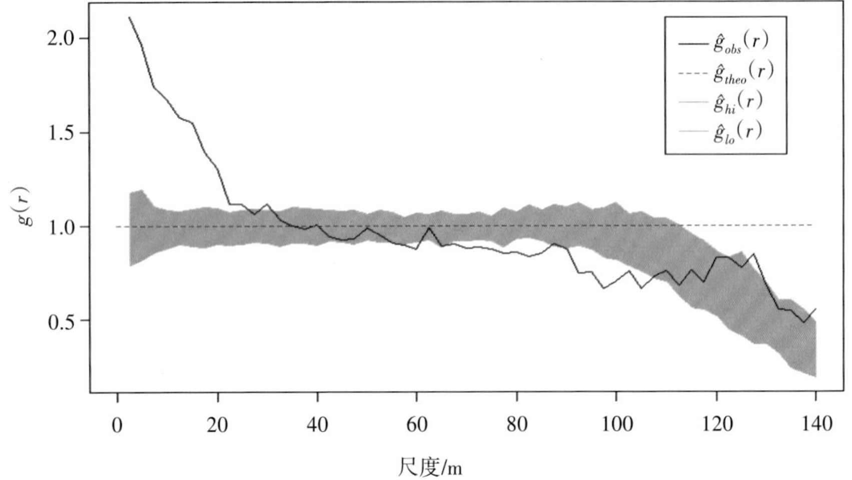

图5-37　元厚大样地幼树空间分布格局

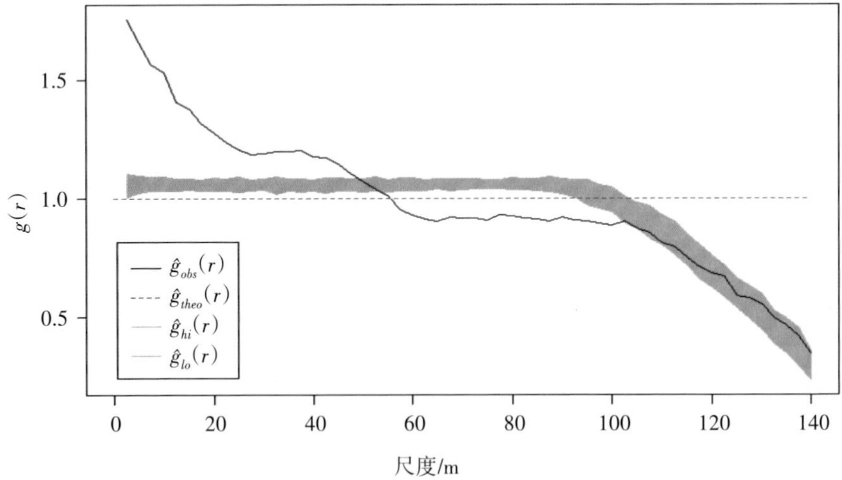

图5-38　元厚大样地成树空间分布格局

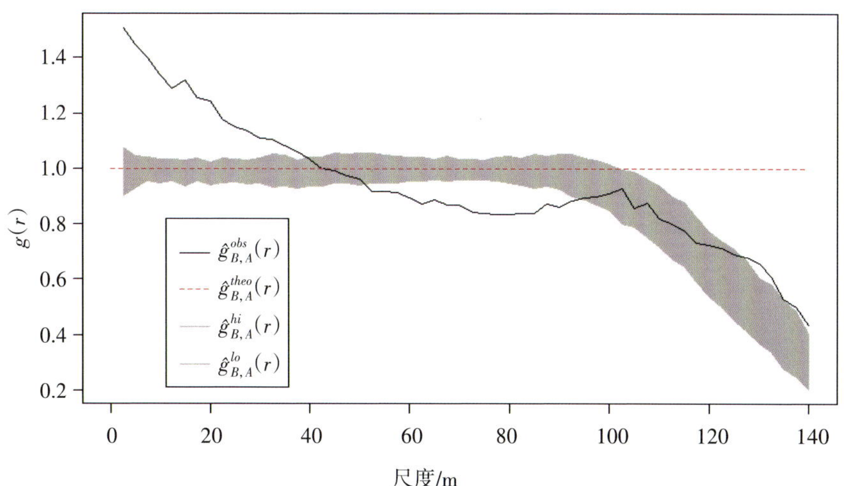

图5-39　元厚大样地幼树与成树的空间关联性分析

5.2.2 典型植被固定监测样地监测结果

5.2.2.1 群落物种重要值分析

1. 毛竹林(Form. *Phyllostachys edulis*)

毛竹在保护区内的主要分布范围为海拔700 m以下的低山丘陵地带。保护区内的毛竹林最初多为人工种植,而后自然扩张,并且有逐渐向高海拔扩张的趋势。毛竹林对保护区部分区域群落生物多样性干扰严重,其乔木层主要以毛竹占优势,高度可达15 m以上。

如表5-16所列,2023年样地内乔木层除毛竹外仅有同样为禾本科的慈竹(重要值为16.51%)存在,而毛竹的重要值高达83.49%,已经成为该样地的绝对优势种,且对样地中的其他物种产生了较大影响,乔木层已无其他阔叶树种存在。灌木层中有毛桐(重要值为35.97%)与楤木(重要值为25.10%)幼苗存在。同时还有重点保护物种桫椤(重要值为38.93%),为灌木层优势种,其重要值与毛桐相差不大,没有表现出绝对的优势。草本层主要有棕叶狗尾草、福建观音座莲、短芒薹草、淡竹叶等植物。

表5-16　毛竹林群落主要物种重要值(2023年)

层次	物种	相对密度/%	相对频度/%	相对优势度/%	重要值
乔木层	毛竹	87.06	70.00	93.42	0.834 9
	慈竹	12.94	30.00	6.58	0.165 1
灌木层	桫椤	25.00	25.00	66.78	0.389 3
	毛桐	50.00	50.00	7.92	0.359 7
	楤木	25.00	25.00	25.30	0.251 0
草本层	棕叶狗尾草	0.29	0.76	—	0.526 8
	福建观音座莲	0.32	0.11	—	0.214 6
	短芒薹草	0.27	0.07	—	0.171 1
	淡竹叶	0.12	0.06	—	0.087 4

与2015—2017年调查结果(表5-17)相比,2023年样地乔木层中新出现了慈竹,且重要值较高。2015—2017年调查结果中重要值较高的桫椤、罗伞和粗糠柴在2023年的统计中已不复存在。与2015—2017年的调查结果相比,2023年灌木层中出现了重要值较高的桫椤,同时毛桐的重要值也有所升高。调查样地中草本层的物种数量有所下降。由此可见,毛竹的快速生长对林下其他植物有较大影响,其较强的入侵性和定居能力对维持群落的物种多样性来说是一个不小的威胁。而保护区的重点保护植物桫椤的生长环境与毛竹的生长环境存在较大重合,毛竹大面积繁殖和定居已较严重影响了桫椤的生长,为更好地保护桫椤种群,建议对保护区内河谷地带的毛竹,尤其是毛竹-桫椤混生区及时开展清除工作,以限制毛竹的生长繁殖速度。

表5-17　毛竹林群落主要物种重要值(2015—2017年)

层次	物种	重要值
乔木层	毛竹	0.587 6
	桫椤	0.230 4
	罗伞	0.114 6
	粗糠柴	0.038 3
灌木层	毛桐	0.014 6
	金珠柳	0.014 5

续表

层次	物种	重要值
草本层	红盖鳞毛蕨	0.455 7
	稗	0.234 3
	野茼蒿	0.090 3
	竹叶草	0.063 6
	淡竹叶	0.049 3
	香花鸡血藤	0.042 6
	皱叶狗尾草	0.033 9
	异药花	0.030 4

2. 桫椤-芭蕉-罗伞灌草丛(Form. *Alsophila spinulosa*, *Musa basjoo*, *Brassaiopsis glomerulata*)

桫椤、芭蕉、罗伞等为南亚热带雨林中林下层的重要组成部分,在保护区内,这几个物种为群落主要组成部分,形成桫椤-芭蕉-罗伞群系,主要分布于保护区内海拔700 m以下的沟谷地带。样地内主要物种重要值如表5-18所列。样地内群落层次不太明显,芭蕉在乔木层和灌木层中均占据优势地位,重要值分别为34.20%和61.97%。另外,乔木层中除芭蕉外还有樟、禾串树、罗伞、梾木等物种,灌木层中还有桫椤(重要值为28.85%)和糙叶榕。由于样地位于保护区内靠近金沙沟与马路的区域,气候湿润,地面光照充足,因此草本层物种多样性较高。样地内群落草本层主要由雾水葛(重要值为24.06%)、冷水花(重要值为23.65%)组成,此外,还包括杜若、醉魂藤、石海椒、卷柏、井栏边草、西南鳞盖蕨、圆叶过路黄、绞股蓝等物种。

表5-18　桫椤-芭蕉-罗伞灌草丛群落主要物种重要值(2023年)

层次	物种	相对密度/%	相对频度/%	相对优势度/%	重要值
乔木层	芭蕉	53.33	40.00	9.26	0.342 0
	樟	13.33	20.00	56.17	0.298 4
	禾串树	6.67	10.00	31.09	0.159 2
	罗伞	13.33	20.00	3.28	0.122 1
	梾木	13.33	10.00	0.19	0.078 4

续表

层次	物种	相对密度/%	相对频度/%	相对优势度/%	重要值
灌木层	芭蕉	75.00	50.00	60.92	0.619 7
	桫椤	16.67	33.33	36.56	0.288 5
	糙叶榕	8.33	16.67	2.51	0.091 7
草本层	雾水葛	30.65	17.47	—	0.240 6
	冷水花	11.81	35.48	—	0.236 5
	杜若	10.86	20.20	—	0.155 3
	醉魂藤	13.41	3.93	—	0.086 7
	石海椒	9.26	5.84	—	0.075 5
	卷柏	4.79	4.91	—	0.048 5
	井栏边草	6.70	2.46	—	0.045 8
	西南鳞盖蕨	6.07	2.73	—	0.044 0
	过路黄	1.34	6.55	—	0.039 5
	绞股蓝	5.19	0.44	—	0.027 7

对比2015—2017年（表5-19）和2023年的调查结果可知，乔木层中，2015—2017年毛竹占较大优势，其次是毛脉南酸枣、樟和陀螺果，2023年芭蕉和樟占较大优势，其次是禾串树、罗伞和徕木，芭蕉和罗伞属于速生植物，很容易在乔木层中占据优势。灌木层中，芭蕉和桫椤在两个调查时间中均占较大优势。因样地位于旅游道路旁，其生境可能受到旅游活动的影响，草本层物种变化较大。

表5-19　桫椤-芭蕉-罗伞灌草丛群落主要物种重要值（2015—2017年）

层次	物种	重要值
乔木层	毛竹	0.281 8
	毛脉南酸枣	0.143 0
	樟	0.034 3
	陀螺果	0.033 6

续表

层次	物种	重要值
灌木层	罗伞	0.271 6
	芭蕉	0.112 8
	桫椤	0.093 3
	金珠柳	0.014 8
	算盘子	0.014 7
草本层	艳山姜	0.213 8
	竹叶草	0.180 4
	圆苞马蓝	0.176 0
	蕨	0.123 1
	边生短肠蕨	0.114 6
	淡竹叶	0.039 4
	野茼蒿	0.036 9
	皱叶狗尾草	0.034 7
	头花蓼	0.030 7
	干旱毛蕨	0.029 7
	亮毛蕨	0.016 0
	铜锤玉带草	0.004 7

3.竹叶榕灌草丛(Form. *Ficus stenophylla*)

竹叶榕灌草丛主要分布于河流冲击形成的宽阔河谷地带,其生境多为砂质河漫滩和砾石沙滩,雨季洪水期河流泛滥时,群落多遭洪水淹没,旱季时则露出河面。由于受到流水的冲击,群落靠近岸边区域偶有其他乔木分布,群落靠近河流中央区域,多以竹叶榕为主。草本层多靠近岸边、马路边分布。

竹叶榕灌草丛与桫椤-芭蕉-罗伞灌草丛相似,均分布于河谷旁,如表5-20所列,其乔木层主要优势种为芭蕉,重要值为42.09%,远超过乔木层的其他物种。由于样地内有较多靠近道路、崖壁的区域,可供树木生长,因此样地中的小乔木及灌木较多,同时在靠近河谷部分还存在一些高大乔木(如樟)。乔木层中还包括禾串树、樟、罗伞、粗糠柴、爪哇脚骨脆、杜茎山、粗叶木等11个物种。由于可供植株生长的地表面积较大,同时被崖壁阻挡了部分阳光,调查样地内的灌木较多。在灌木层中,占比最大的为芭蕉(重要值为39.71%),其次为樟(重要值为8.60%),同时还有肉豆蔻、黑桑、茜树、竹叶榕(重要值为5.24%)、爪哇脚骨脆、粗糠柴、暗罗、红雾水葛等11个物种。受灌木层及乔木层的影响,调查样地中的草本植物主要分布于道路两旁、河谷边等木本植物生长较少的地方,由冷水花、竹叶草、渐尖毛蕨、疣果冷水花、齿牙毛蕨、山冷水花、南赤爬等物种共同组成。

保护区内其他竹叶榕灌草丛中的优势种有竹叶榕等,另外湖北十大功劳、中华十大功劳等也是群落中的重要组成物种。

表5-20　竹叶榕灌草丛群落主要物种重要值(2023年)

层次	物种	相对密度/%	相对频度/%	相对优势度/%	重要值
乔木层	芭蕉	51.11	37.50	37.67	0.420 9
	禾串树	6.67	8.33	23.81	0.129 4
	樟	2.22	4.17	25.70	0.107 0
	罗伞	8.89	12.50	1.96	0.077 8
	粗糠柴	6.67	8.33	4.37	0.064 6
	爪哇脚骨脆	8.89	4.17	3.63	0.055 6
	杜茎山	4.44	4.17	0.30	0.029 7
	粗叶木	2.22	4.17	1.43	0.026 1
	川钓樟	2.22	4.17	0.46	0.022 8
	糙叶榕	2.22	4.17	0.33	0.022 4
	枫香树	2.22	4.17	0.25	0.022 1
	肉豆蔻	2.22	4.17	0.08	0.021 6
灌木层	芭蕉	26.09	18.75	74.30	0.397 1
	樟	8.70	12.50	4.61	0.086 0
	肉豆蔻	13.04	6.25	3.76	0.076 8
	黑桑	8.70	6.25	1.96	0.056 4
	茜树	4.35	6.25	5.15	0.052 5

续表

层次	物种	相对密度/%	相对频度/%	相对优势度/%	重要值
灌木层	竹叶榕	8.70	6.25	0.78	0.052 4
	爪哇脚骨脆	4.35	6.25	3.90	0.048 3
	粗糠柴	4.35	6.25	1.73	0.041 1
	暗罗	4.35	6.25	0.98	0.038 6
	红雾水葛	4.35	6.25	0.98	0.038 6
	中华野独活	4.35	6.25	0.80	0.038 0
	禾串树	4.35	6.25	0.78	0.037 9
	金珠柳	4.35	6.25	0.27	0.036 2
草本层	冷水花	12.17	28.09	—	0.201 3
	竹叶草	26.62	8.99	—	0.178 0
	渐尖毛蕨	23.57	11.24	—	0.174 1
	疣果冷水花	15.97	16.85	—	0.164 1
	齿牙毛蕨	15.21	8.99	—	0.121 0
	山冷水花	2.66	16.85	—	0.097 6
	南赤爬	3.80	8.99	—	0.064 0

对比2015—2017年（表5-21）和2023年调查的结果可知，乔木层中，2015—2017年樟占较大优势，其次是垂叶榕和爪哇脚骨脆，2023年芭蕉占较大优势，其次是禾串树和樟；在灌木层中，2015—2017年芭蕉和竹叶榕占较大优势，但2023年竹叶榕的相对优势度和重要值均不是很高。

表5-21　竹叶榕灌草丛群落主要物种重要值（2015—2017年）

层次	物种	重要值
乔木层	樟	0.302 1
	垂叶榕	0.040 9
	爪哇脚骨脆	0.032 7
灌木层	竹叶榕	0.234 8
	芭蕉	0.081 5

续表

层次	物种	重要值
灌木层	窄叶柃	0.062 3
	红雾水葛	0.058 4
	桫椤	0.057 3
	罗伞	0.043 8
	稠李	0.027 2
	斑竹	0.024 9
	毛桐	0.017 9
	杜茎山	0.016 1
草本层	圆苞马蓝	0.179 0
	冷水花	0.150 1
	海金沙	0.136 6
	芒	0.131 4
	沿阶草	0.124 5
	柳叶红茎黄芩	0.077 0
	木贼	0.076 7
	问荆	0.067 9
	石海椒	0.056 8

4. 枫香树–四川大头茶混交林(Form. *Liquidambar formosana*, *Polyspora speciosa*)

枫香树–四川大头茶混交林为常绿阔叶林遭到干扰或破坏之后形成的一类次生林,在保护区内,此类林型分布较少。由于马尾松生长迅速,在样地中的植株较为高大,在调查样地中成为主要优势种(表5–22),重要值为19.03%,样地中四川大头茶和枫香树的重要值分别为1.39%、2.96%。此外,乔木层中还包括油桐、鼠刺、罗浮柿、光亮山矾、杉木等24个物种。灌木层中全为阔叶树种,由鼠刺、五月茶、金珠柳、刺叶冬青、绣球等10个物种组成。草本层主要由红毛鳞盖蕨(重要值为15.88%)、翠云草(重要值为13.15%)、白茅(重要值为11.90%)等16个物种组成。

表5-22 枫香树-四川大头茶混交林群落主要物种重要值(2023年)

层次	物种	相对密度/%	相对频度/%	相对优势度/%	重要值
乔木层	马尾松	5.43	8.20	43.46	0.190 3
	油桐	8.70	8.20	3.36	0.067 5
	鼠刺	10.87	4.92	3.91	0.065 6
	罗浮柿	8.70	6.56	4.10	0.064 5
	光亮山矾	9.78	8.20	1.33	0.064 4
	杉木	8.70	6.56	4.01	0.064 2
	栲	3.26	4.92	9.67	0.059 5
	毛脉南酸枣	2.17	3.28	11.52	0.056 6
	野鸦椿	4.35	6.56	1.16	0.040 2
	细枝柃	5.43	4.92	0.38	0.035 8
	毛桐	3.26	4.92	1.62	0.032 7
	枫香树	2.17	1.64	5.08	0.029 6
	绒毛红果树	3.26	4.92	0.10	0.027 6
	尖叶栲	2.17	1.64	4.16	0.026 6
	杜茎山	3.26	3.28	0.51	0.023 5
	虎皮楠	3.26	3.28	0.06	0.022 0
	五月茶	3.26	1.64	0.27	0.017 2
	灯台树	2.17	1.64	1.13	0.016 5
	四川大头茶	1.09	1.64	1.45	0.013 9
	崖花子	1.09	1.64	1.27	0.013 3
	老鼠屎	1.09	1.64	0.84	0.011 9
	光叶山矾	1.09	1.64	0.31	0.010 1
	绣球	1.09	1.64	0.16	0.009 6
	粗叶木	1.09	1.64	0.05	0.009 3
	山胡椒	1.09	1.64	0.04	0.009 2
	朴树	1.09	1.64	0.04	0.009 2
	刺叶冬青	1.09	1.64	0.02	0.009 2

续表

层次	物种	相对密度/%	相对频度/%	相对优势度/%	重要值
灌木层	鼠刺	26.09	17.65	37.18	0.269 7
	五月茶	17.39	17.65	8.03	0.143 6
	金珠柳	13.04	11.76	14.14	0.129 8
	刺叶冬青	8.70	5.88	12.75	0.091 1
	绣球	8.70	11.76	4.34	0.082 7
	罗浮柿	8.70	11.76	2.47	0.076 4
	木姜子	4.35	5.88	10.69	0.069 7
	细枝柃	4.35	5.88	5.24	0.051 6
	绒毛红果树	4.35	5.88	3.85	0.046 9
	光亮山矾	4.35	5.88	1.31	0.038 5
草本层	红盖鳞毛蕨	15.85	15.91	—	0.158 8
	翠云草	5.28	21.02	—	0.131 5
	白茅	18.11	5.68	—	0.119 0
	斜羽凤尾蕨	5.28	13.07	—	0.091 7
	香附子	13.33	3.98	—	0.086 5
	芒萁	9.56	7.39	—	0.084 7
	莠竹	8.30	6.82	—	0.075 6
	富贵竹	6.87	7.39	—	0.071 3
	酢浆草	6.29	1.14	—	0.037 1
	狗脊	3.02	3.98	—	0.035 0
	夏枯草	1.81	5.11	—	0.034 6
	七星莲	2.01	2.27	—	0.021 4
	三基脉紫菀	1.16	1.70	—	0.014 3
	过路黄	1.06	1.70	—	0.013 8
	野甘草	1.38	1.14	—	0.012 6
	车前	0.70	1.70	—	0.012 0

一期调查(2015—2017年)后,由于枫香树-四川大头茶混交林样地塌方,样地物种组成变化较大(表5-23)。乔木层中,由2015—2017年的粗糠柴、四川大头茶、复羽叶栾和崖花子等占较大优势变为2023年的马尾松、油桐、鼠刺、罗浮柿、光亮山矾和杉木等占较大优势。灌木层中,由2015—2017年的毛桐、紫珠和细枝柃等占较大优势变为2023年的鼠刺、五月茶和金珠柳等占较大优势。草本层中,由2015—2017年的芒和芒萁等占较大优势变为2023年的红盖鳞毛蕨、翠云草和白茅等占较大优势。地质灾害导致枫香树-四川大头茶混交林的物种组成和群落结构发生了较大变化,但由于样地临近沟渠,气候湿润,小环境较好,其物种丰富度有所增加。

表5-23 枫香树-四川大头茶混交林群落主要物种重要值(2015—2017年)

层次	物种	重要值
乔木层	粗糠柴	0.169 2
	四川大头茶	0.129 9
	复羽叶栾	0.109 0
	崖花子	0.103 6
	罗浮柿	0.097 7
	盐麸木	0.059 6
	楟	0.046 7
	马尾松	0.026 8
	杉木	0.021 4
	枫香树	0.021 3
灌木层	毛桐	0.069 9
	紫珠	0.048 2
	细枝柃	0.028 6
	金珠柳	0.018 2
	五月茶	0.017 9
	野鸦椿	0.016 4
	油桐	0.015 6

续表

层次	物种	重要值
草本层	芒	0.427 9
	芒萁	0.297 6
	红盖鳞毛蕨	0.170 8
	卷柏	0.103 6

5. 马尾松林（Form. *Pinus massoniana*）

当阔叶林屡遭砍伐或火烧后，光照增强，土壤干燥，马尾松首先侵入，便会逐渐形成马尾松林。但马尾松林作为一种先锋植物群落，发展到一定阶段，它的幼苗不能在自身林冠下更新，阔叶树种又会逐渐侵入，代替马尾松而取得优势。对比分析2023年与2015—2017年调查数据（表5-24、表5-25）发现，乔木层中，马尾松的重要值有所下降（由50.30%降至37.53%），油桐等生长速度较快的物种更易在马尾松林中占据较大的优势。2023年调查结果显示，除马尾松（重要值为37.53%）、油桐（重要值为15.96%）、杉木（重要值为10.61%）等快速生长的物种外，还有四川大头茶、杜鹃、光亮山矾、粗叶木、绒毛红果树等10个物种共同组成样地乔木层。对灌木层的调查分析发现，灌木层中无马尾松幼苗，随着时间推移，阔叶树种将会逐步替代乔木层中的针叶树种成为优势种，进而实现群落的演替。灌木层主要由杉木、油桐组成。由于马尾松及杉木的凋落物堆积，草本层物种稀少，2023年调查数据显示，中华里白的重要值为58.61%，在草本层中占据绝对优势，此外，草本层还有莠竹、芒萁、七星莲等物种。

表5-24　马尾松林群落主要物种重要值（2023年）

层次	物种	相对密度/%	相对频度/%	相对优势度/%	重要值
乔木层	马尾松	21.43	18.18	72.99	0.375 3
	油桐	17.14	24.24	6.49	0.159 6
	杉木	12.86	9.09	9.90	0.106 1
	四川大头茶	7.14	6.06	5.50	0.062 3
	杜鹃	11.43	6.06	0.79	0.060 9
	光亮山矾	8.57	6.06	0.96	0.052 0

续表

层次	物种	相对密度/%	相对频度/%	相对优势度/%	重要值
乔木层	粗叶木	4.29	6.06	0.48	0.036 1
	绒毛红果树	4.29	6.06	0.36	0.035 7
	山矾	2.86	6.06	0.59	0.031 7
	木姜子	4.29	3.03	0.31	0.025 4
	山茶	2.86	3.03	0.26	0.020 5
	山胡椒	1.43	3.03	1.14	0.018 7
	黄杞	1.43	3.03	0.24	0.015 7
灌木层	杉木	50.00	66.67	64.04	0.602 4
	油桐	50.00	33.33	35.96	0.397 6
草本层	中华里白	28.93	88.28	—	0.586 1
	莠竹	32.99	5.47	—	0.192 3
	芒萁	20.30	3.91	—	0.121 1
	七星莲	17.77	2.34	—	0.100 6

表5-25　马尾松林群落主要物种重要值(2015—2017年)

层次	物种	重要值
乔木层	马尾松	0.503 0
	油桐	0.117 7
	毛桐	0.079 6
	山矾	0.066 8
	细齿叶柃	0.040 4
	栗	0.024 2
	光叶山矾	0.023 1
	爪哇脚骨脆	0.017 1
	粗叶木	0.016 8
	复羽叶栾	0.010 4

续表

层次	物种	重要值
乔木层	罗浮柿	0.009 8
	五月茶	0.009 7
	四川大头茶	0.009 7
灌木层	穗序鹅掌柴	0.019 7
	算盘子	0.011 5
	毛叶木姜子	0.011 3
	毛叶杜鹃	0.009 9
	崖花子	0.009 6
	紫珠	0.009 6
草本层	里白	0.517 9
	红盖鳞毛蕨	0.443 1
	积雪草	0.039 0

6. 亮叶桦林（Form. *Betula luminifera*）

亮叶桦系桦木属（*Betula*）中最原始的西桦组，为中国特有树种，也是我国南方山区营建珍贵用材林的重要树种。但在本研究选择的样地中，如表5-26所列，乔木层仍由杉木（重要值为17.79%）占据主要优势。亮叶桦在样地乔木层中的重要值为2.40%，它虽然物种个体较大，但个体数量较少，因此并未在乔木层中占据优势地位。除此之外，样地乔木层中还包括了21个阔叶物种，共23个物种。灌木层由细枝柃（重要值为74.30%）、绒毛红果树（重要值为25.70%）组成。样地草本层物种较为稀少，以中华里白（重要值为72.06%）、白茅（重要值为14.95%）、短莛山麦冬（重要值为12.98%）为主。

表5-26　亮叶桦林群落主要物种重要值（2023年）

层次	物种	相对密度/%	相对频度/%	相对优势度/%	重要值
乔木层	杉木	19.40	14.08	19.89	0.177 9
	马尾松	3.73	4.23	22.32	0.100 9
	柃木	13.43	8.45	5.22	0.090 3

续表

层次	物种	相对密度/%	相对频度/%	相对优势度/%	重要值
乔木层	桦木	5.22	8.45	9.76	0.078 1
	黄杞	5.97	7.04	8.64	0.072 2
	光亮山矾	9.70	8.45	3.04	0.070 6
	山矾	8.96	5.63	3.23	0.059 4
	光叶山矾	6.72	4.23	4.45	0.051 3
	四川大头茶	2.99	5.63	4.97	0.045 3
	毛桐	3.73	4.23	2.57	0.035 1
	毛樱桃	2.24	2.82	3.65	0.029 0
	近轮叶木姜子	2.24	4.23	1.16	0.025 4
	老鼠屎	2.24	4.23	0.77	0.024 1
	亮叶桦	1.49	2.82	2.90	0.024 0
	细枝柃	2.99	2.82	0.80	0.022 0
	栲	0.75	1.41	4.28	0.021 4
	粗叶木	1.49	2.82	1.05	0.017 8
	细齿叶柃	2.99	1.41	0.54	0.016 4
	山茶	0.75	1.41	0.46	0.008 7
	七叶树	0.75	1.41	0.16	0.007 7
	木姜子	0.75	1.41	0.08	0.007 5
	润楠	0.75	1.41	0.06	0.007 4
	绒毛红果树	0.75	1.41	0.03	0.007 3
灌木层	细枝柃	80.00	50.00	92.91	0.743 0
	绒毛红果树	20.00	50.00	7.09	0.257 0
草本层	中华里白	63.81	80.31	—	0.720 6
	白茅	18.10	11.81	—	0.149 5
	短莛山麦冬	18.10	7.87	—	0.129 8

对比2023年和2015—2017年（表5-27）的调查结果发现，杉木在两期调查中均占最大优势。2015—2017年亮叶桦的重要值为10.09%，到2023年其重要值已减小到2.40%，重要值变化较大。对比两期调查可知，乔木层物种组成也发生了较大变化。

表5-27 亮叶桦林群落主要物种重要值（2015—2017年）

层次	物种	重要值
乔木层	杉木	0.259 7
	亮叶桦	0.100 9
	赤杨叶	0.074 5
	山矾	0.063 4
	楠木	0.061 8
	贵州毛柃	0.055 4
	细枝柃	0.053 6
	山茶	0.052 3
	栲	0.037 1
	细齿叶柃	0.035 4
	毛桐	0.033 1
	樟	0.021 1
	岗柃	0.020 1
	粗糠柴	0.015 1
	枫香树	0.012 6
	槐	0.009 6
	川桂	0.006 8
	爪哇脚骨脆	0.005 6
	红果黄肉楠	0.005 5
灌木层	杜鹃	0.032 7
	狭叶冬青	0.013 1
	杜茎山	0.007 1

续表

层次	物种	重要值
灌木层	油桐	0.006 2
	紫荆	0.006 2
	毛叶木姜子	0.005 6
	水麻	0.005 6

7. 润楠-楠木混交林(Form. *Machilus nanmu*, *Phoebe zhennan*)

润楠-楠木混交林是以润楠、楠木为建群种构成的亚热带常绿阔叶林，保护区内润楠、楠木林群落外貌呈深绿色，林冠稠密，群落组成丰富。楠木是国家二级保护野生植物，且具有较高经济价值，样地内有两棵楠木高达21.7 m。高大楠木的存在也证明了保护区的保护成效显著。

2023年调查结果（表5-28）显示，样地中的乔木层以四川大头茶（重要值为11.92%）、杉木（重要值为10.87%）为优势种，主要关注物种楠木（重要值为10.20%）、润楠（重要值为7.33%）的相对优势度较高。样地中较为高大的植物仍是润楠与楠木，样地乔木层物种多样性较高，共27个物种。灌木层的物种种类也较多，共12种，以红雾水葛（重要值为30.29%）、木姜子（重要值为15.97%）、近轮叶木姜子（重要值为12.39%）为主要优势种。由于样地林冠郁闭度较高，草本植物主要分布于小路两旁，其中，以翠云草（重要值为39.97%）为主要优势种。草本层还有西南悬钩子、薯蓣、落地梅等物种。

表5-28 润楠-楠木混交林群落主要物种重要值(2023年)

层次	物种	相对密度/%	相对频度/%	相对优势度/%	重要值
乔木层	四川大头茶	7.83	9.09	18.85	0.119 2
	杉木	12.17	7.58	12.85	0.108 7
	楠木	5.22	3.03	22.37	0.102 0
	近轮叶木姜子	12.17	9.09	2.85	0.080 4
	润楠	1.74	1.52	18.72	0.073 3
	绒毛红果树	8.70	6.06	1.87	0.055 4
	粗叶木	6.09	7.58	2.20	0.052 9
	光叶山矾	7.83	4.55	2.40	0.049 2

续表

层次	物种	相对密度/%	相对频度/%	相对优势度/%	重要值
乔木层	细枝柃	6.09	6.06	1.71	0.046 2
	崖花子	4.35	4.55	4.55	0.044 8
	光亮山矾	3.48	6.06	1.50	0.036 8
	穗序鹅掌柴	2.61	4.55	1.31	0.028 2
	山矾	2.61	4.55	0.35	0.025 0
	木姜子	2.61	3.03	0.35	0.020 0
	柃木	1.74	3.03	0.44	0.017 4
	绣球	1.74	3.03	0.23	0.016 7
	杜鹃	2.61	1.52	0.80	0.016 4
	贵州琼楠	1.74	1.52	1.42	0.015 6
	鹅耳枥	0.87	1.52	2.16	0.015 1
	南酸枣	0.87	1.52	1.80	0.013 9
	黄杞	1.74	1.52	0.34	0.012 0
	贵州连蕊茶	0.87	1.52	0.31	0.009 0
	川杨桐	0.87	1.52	0.24	0.008 7
	大花枇杷	0.87	1.52	0.15	0.008 5
	三角槭	0.87	1.52	0.12	0.008 4
	山胡椒	0.87	1.52	0.07	0.008 2
	楤	0.87	1.52	0.05	0.008 1
灌木层	红雾水葛	40.00	10.53	40.36	0.302 9
	木姜子	15.00	15.79	17.14	0.159 7
	近轮叶木姜子	10.00	15.79	11.38	0.123 9
	细枝柃	10.00	10.53	6.39	0.089 7
	光亮山矾	5.00	10.53	1.13	0.055 5
	黄杞	2.50	5.26	8.85	0.055 4
	粗叶木	5.00	5.26	3.92	0.047 3
	绒毛红果树	2.50	5.26	4.15	0.039 7
	山茶	2.50	5.26	2.25	0.033 4

续表

层次	物种	相对密度/%	相对频度/%	相对优势度/%	重要值
灌木层	崖花子	2.50	5.26	1.96	0.032 4
	楠木	2.50	5.26	1.89	0.032 2
	楤木	2.50	5.26	0.61	0.027 9
草本层	翠云草	6.73	73.21	—	0.399 7
	西南悬钩子	25.28	1.91	—	0.135 9
	薯蓣	13.37	4.31	—	0.088 4
	落地梅	13.86	3.35	—	0.086 0
	香附子	9.78	5.74	—	0.077 6
	莠竹	9.38	5.26	—	0.073 2
	细圆藤	6.11	1.91	—	0.040 1
	海茵芋	5.30	1.91	—	0.036 1
	鸭跖草	4.89	1.44	—	0.031 6
	雾水葛	5.30	0.96	—	0.031 3

经现场勘察，2015—2017年调查群落为润楠群落（表5-29），非楠木群落，因此2023年重新确定了样地，最终调查群落为润楠-楠木混交林。因此，两期调查结果不进行对比分析。

表5-29　润楠群落主要物种重要值（2015—2017年）

层次	物种	重要值
乔木层	润楠	0.181 7
	赤杨叶	0.117 8
	栲	0.081 2
	细枝柃	0.076 7
	枫香树	0.059 0
	毛桐	0.058 9
	杉木	0.053 2
	光亮山矾	0.052 5
	青冈	0.051 2
	茶	0.036 6

续表

层次	物种	重要值
乔木层	黄杞	0.024 1
	黄药大头茶	0.023 0
	灯台树	0.018 1
	毛脉南酸枣	0.015 5
	亮叶桦	0.011 7
	油茶	0.011 6
灌木层	木姜子	0.028 9
	水麻	0.028 3
	毛叶木姜子	0.023 6
	红雾水葛	0.019 3
	冬青	0.013 7
	紫荆	0.013 4
草本层	天名精	0.318 6
	竹叶草	0.397 1
	印度野牡丹	0.578 4

8. 栲林(From. *Castanopsis fargesii*)

栲的适应性较强,在我国分布较广。栲林群落内的植物种类十分丰富,结构复杂,物种丰富度高。样地内乔木层由28个物种组成(表5-30),其中杜鹃(重要值为11.01%)、栲(重要值为10.29%)的重要值都大于10%,是乔木层的主要优势种。此外,乔木层还包括青冈、杉木、尼泊尔水东哥、山矾、柃木、四川大头茶等物种。灌木层主要由杜鹃(重要值为27.76%)、黄杞、杉木、油茶等12个物种组成。由于乔木层和灌木层的郁闭度较高,样地内草本植物物种单一、个体稀少,仅有斜羽凤尾蕨和淡竹叶,且两者重要值相近。

表5-30 栲林群落主要物种重要值(2023年)

层次	物种	相对密度/%	相对频度/%	相对优势度/%	重要值
乔木层	杜鹃	23.26	7.69	5.62	0.121 9
	栲	4.65	6.15	20.08	0.102 9

续表

层次	物种	相对密度/%	相对频度/%	相对优势度/%	重要值
乔木层	青冈	3.10	4.62	16.95	0.082 2
	杉木	6.20	10.77	5.60	0.075 2
	尼泊尔水东哥	1.55	1.54	16.76	0.066 2
	山矾	7.75	7.69	1.51	0.056 5
	柃木	6.20	7.69	2.27	0.053 9
	四川大头茶	4.65	4.62	2.66	0.039 8
	黄杞	3.88	6.15	1.37	0.038 0
	柿	3.10	1.54	5.88	0.035 1
	栗	1.55	3.08	5.19	0.032 7
	润楠	2.33	4.62	2.71	0.032 2
	油茶	4.65	3.08	1.07	0.029 3
	酸木	3.88	1.54	2.62	0.026 8
	山茶	3.88	3.08	1.08	0.026 8
	五月茶	2.33	4.62	0.38	0.024 4
	老鼠屎	1.55	3.08	1.31	0.019 8
	细枝柃	2.33	3.08	0.34	0.019 2
	赤杨叶	2.33	1.54	1.71	0.018 6
	壮丽桤叶树	1.55	3.08	0.26	0.016 3
	灯台树	2.33	1.54	0.95	0.016 0
	毛桐	2.33	1.54	0.55	0.014 7
	化香树	1.55	1.54	0.85	0.013 1
	八角枫	0.78	1.54	1.26	0.011 9
	光叶山矾	0.78	1.54	0.60	0.009 7
	漆	0.78	1.54	0.33	0.008 8
	贵州连蕊茶	0.78	1.54	0.09	0.008 0
灌木层	杜鹃	41.86	29.63	19.94	0.304 8
	黄杞	4.65	3.70	27.51	0.119 6
	杉木	6.98	7.41	18.00	0.107 9

续表

层次	物种	相对密度/%	相对频度/%	相对优势度/%	重要值
灌木层	油茶	11.63	14.81	5.51	0.106 5
	柃木	6.98	11.11	12.08	0.100 6
	五月茶	9.30	7.41	4.29	0.070 0
	山矾	6.98	7.41	4.03	0.061 4
	润楠	4.65	7.41	2.83	0.049 6
	三角槭	2.33	3.70	2.05	0.026 9
	青冈	2.33	3.70	1.98	0.026 7
	老鼠屎	2.33	3.70	1.77	0.026 0
草本层	斜羽凤尾蕨	59.02	44.44	—	0.517 3
	淡竹叶	40.98	55.56	—	0.482 7

对比分析2023年和2015—2017年(表5-31)的调查结果:乔木层中,2015—2017年栲、山茶、青冈、黄杞和光叶山矾等占较大优势,2023年杜鹃、栲、青冈和杉木等占较大优势,栲的重要值有所降低但仍占据优势地位,杜鹃由2015—2017年在灌木层中占较大优势变成了2023年在乔木层中占较大优势;灌木层中,杜鹃在两期调查结果中的重要值均为最高,占据较大的优势;草本层物种较少,且变化较大,淡竹叶的重要值增加较多。

表5-31　栲林群落主要物种重要值(2015—2017年)

层次	物种	重要值
乔木层	栲	0.211 1
	山茶	0.088 7
	青冈	0.054 4
	黄杞	0.053 3
	光叶山矾	0.050 8
	细齿叶柃	0.047 4
	细枝柃	0.046 7
	梾木	0.039 5
	钝叶柃	0.033 6

续表

层次	物种	重要值
乔木层	毛柄连蕊茶	0.030 9
	赤杨叶	0.029 8
	杉木	0.029 0
	四川大头茶	0.026 1
	贵州连蕊茶	0.021 3
	五月茶	0.020 2
	油茶	0.017 8
	亮叶桦	0.016 3
	白栎	0.015 4
	罗浮柿	0.007 1
	毛脉南酸枣	0.007 0
	枫香树	0.005 7
	甜槠	0.005 6
	楠木	0.005 5
	漆	0.005 4
灌木层	杜鹃	0.072 3
	新木姜子	0.024 6
	茶	0.015 4
	杜茎山	0.007 2
	冬青	0.006 3
	狭叶冬青	0.005 5
草本层	里白	0.644 3
	芒	0.153 4
	芒萁	0.132 6
	淡竹叶	0.069 7

5.2.2.2 群落物种多样性分析

1.典型植被固定监测样地物种多样性

2023年,我们对8个典型植被固定监测样地的植物多样性进行调查分析,结果如表5-32、图5-40所示。8个样地由于所处位置不同,它们的物种多样性差异较大。其中,Shannon-Wiener多样性指数的差异最大,毛竹林指数最低,仅0.60,指数最高的是枫香树-四川大头茶混交林,为3.52。从Simpson指数、Pielou均匀度指数来看,除毛竹林明显低于其他样地外,其余固定样地的差异并不大。可能是由于毛竹为草本植物,且具有错综复杂的根系,其较强的生命力及快速生长能力使它在与其他物种竞争的过程中易取得优势,并对其他物种的生长繁殖产生较大影响。枫香树-四川大头茶混交林所处位置为坡的中上部,阳光充足,且样地区域发生过塌方,样地中的高大乔木数量有所减少,草本层的植物能够接收到较充足的阳光,因此,该样地草本层物种丰富度较高、群落层次明显。

表5-32 典型植被固定监测样地物种多样性指数

调查时间	样地代码	群系类型	Shannon-Wiener多样性指数	Simpson指数	Pielou均匀度指数
2023年	DXA	毛竹林	0.60	0.29	0.37
	DXB	桫椤-芭蕉-罗伞灌草丛	2.40	0.87	0.85
	DXC	竹叶榕灌草丛	2.68	0.87	0.82
	DXD	枫香树-四川大头茶混交林	3.52	0.96	0.93
	DXE	马尾松林	2.49	0.90	0.88
	DXF	亮叶桦林	2.85	0.92	0.87
	DXG	润楠-楠木混交林	3.23	0.95	0.87
	DXH	栲林	2.92	0.91	0.85

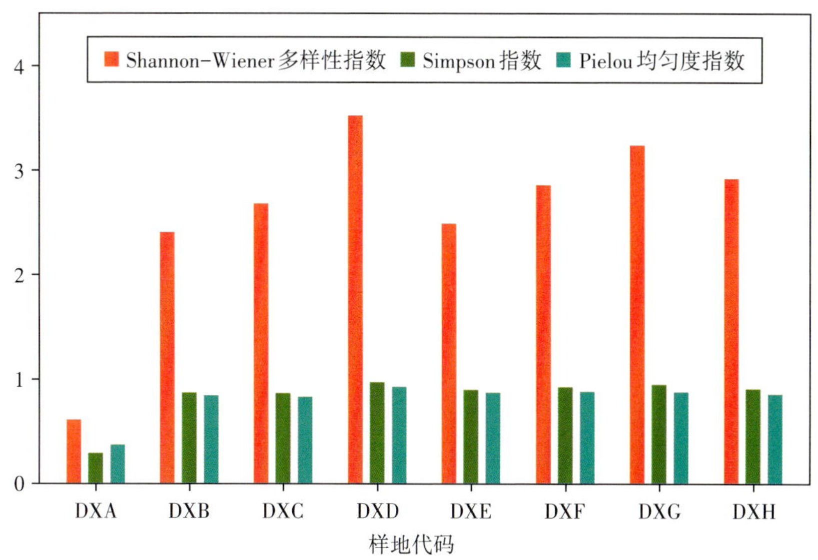

图5-40　典型植被固定监测样地物种多样性(2023年)

2.不同时间的典型植被固定监测样地物种多样性对比

对两期调查的典型植被固定监测样地的物种多样性进行对比分析,如表5-33、图5-41所示,可以发现从2015—2017年到2023年,各样地Shannon-Wiener多样性指数、Pielou均匀度指数均有一定程度的降低或不变,其中以毛竹林样地(DXA)最为明显,足以看出毛竹入侵对植物群落物种多样性的影响较大。除毛竹林样地(DXA)和栲林样地(DXH)外,其他样地的Simpson指数都有一定程度的上升。

表5-33　典型植被固定监测样地物种多样性对比

样地代码	群系类型	Shannon-Wiener多样性指数		Pielou均匀度指数		Simpson指数	
		2015—2017年	2023年	2015—2017年	2023年	2015—2017年	2023年
DXA	毛竹林	2.07	0.60	0.86	0.37	0.73	0.29
DXB	桫椤-芭蕉-罗伞灌草丛	2.53	2.40	1.10	0.85	0.72	0.87
DXC	竹叶榕灌草丛	2.88	2.68	1.09	0.82	0.76	0.87
DXD	枫香树-四川大头茶混交林	3.62	3.52	1.28	0.93	0.90	0.96
DXE	马尾松林	2.63	2.49	0.88	0.88	0.82	0.90
DXF	亮叶桦林	3.34	2.85	1.05	0.87	0.86	0.92
DXG	润楠-楠木混交林	3.89	3.23	1.26	0.87	0.91	0.95
DXH	栲林	3.93	2.92	1.18	0.85	0.92	0.91

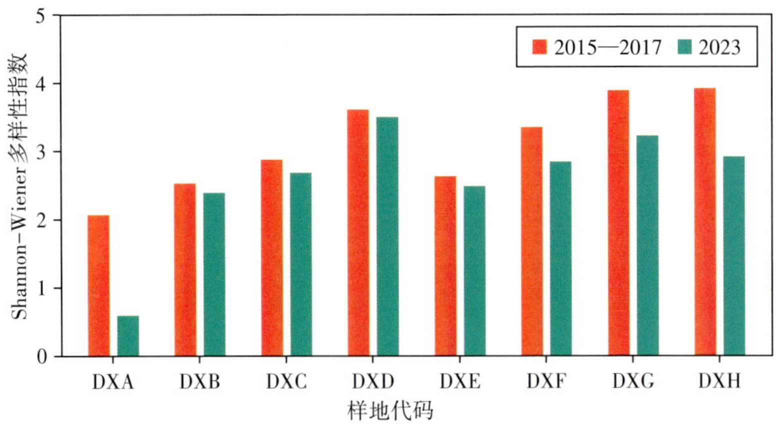

(a)Shannon-Wiener 多样性指数对比

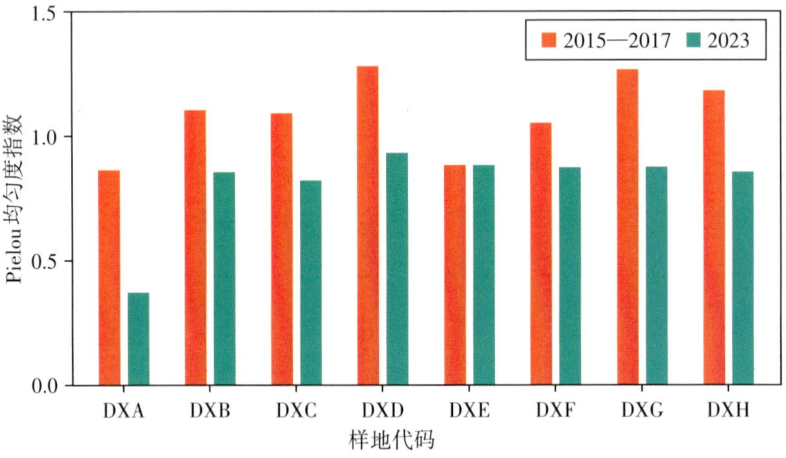

(b)Pielou 均匀度指数对比

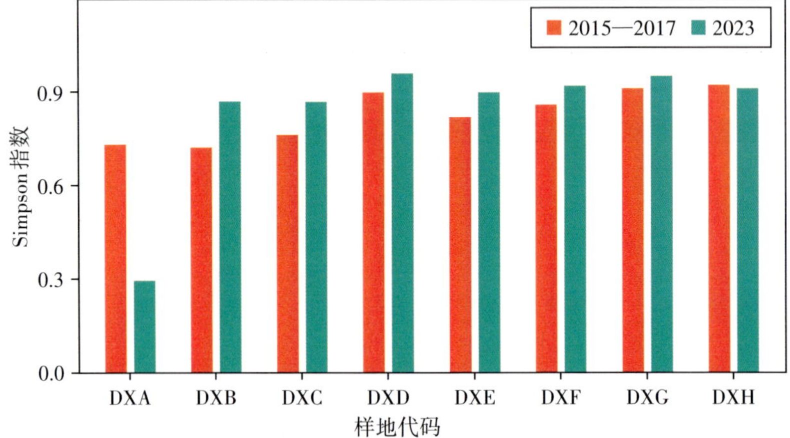

(c)Simpson 指数对比

图 5-41　典型植被固定监测样地物种多样性对比

3. 不同时间的典型植被固定监测样地生物量对比

对8个典型植被固定监测样地的生物量进行对比分析，如图5-42所示，可以发现不同类型的植被群系样地的生物量在两期调查中的变化并无明显规律。毛竹林样地（DXA）、桫椤-芭蕉-罗伞灌草丛样地（DXB）、枫香树-四川大头茶混交林样地（DXD）、润楠-楠木混交林样地（DXG）的植被生物量从2015—2017年到2023年表现为增加的趋势，其中，枫香树-四川大头茶混交林样地（DXD）生物量的增加最为明显，由1 174.10 kg（2015—2017年）增加至7 763.01 kg（2023年）。其他样地的生物量呈降低趋势，其中马尾松林样地（DXE）的生物量下降最为明显，由9 078.45 kg（2015—2017年）降低至3 888.03 kg（2023年）。各典型植被固定监测样地生物量统计见表5-34。

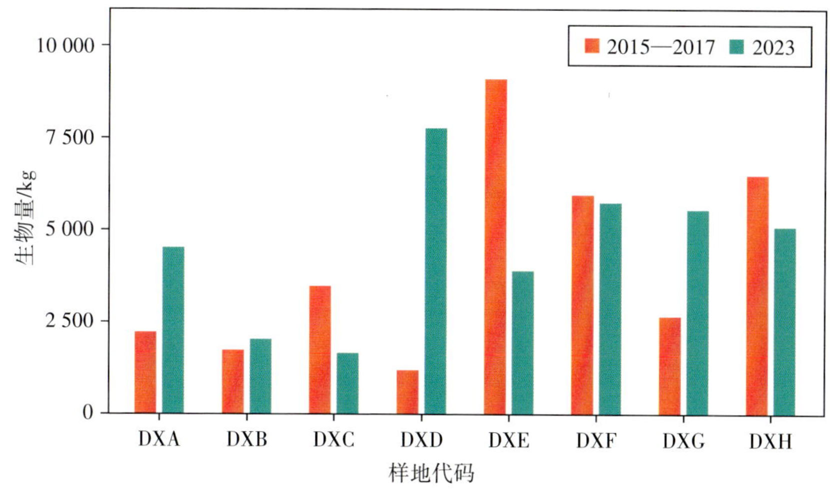

图5-42　典型植被固定监测样地生物量对比图

表5-34　典型植被固定监测样地生物量统计表

样地代码	群系类型	生物量/kg			增减比例
		2015—2017年	2023年	增减量	
DXA	毛竹林	2 198.24	4 527.85	2 329.61	105.98%
DXB	桫椤-芭蕉-罗伞灌草丛	1 692.63	2 030.42	337.79	19.96%
DXC	竹叶榕灌草丛	3 451.06	1 645.02	-1 806.04	-52.33%
DXD	枫香树-四川大头茶混交林	1 174.10	7 763.01	6 588.91	561.19%
DXE	马尾松林	9 078.45	3 888.03	-5 190.42	-57.17%

续表

样地代码	群系类型	生物量/kg			增减比例
		2015—2017年	2023年	增减量	
DXF	亮叶桦林	5 943.58	5 730.76	-212.82	-3.58%
DXG	润楠-楠木混交林	2 644.59	5 545.91	2 901.32	109.71%
DXH	栲林	6 462.14	5 083.41	-1 378.73	-21.34%
平均值		4 080.60	4 526.80	—	—

(1)毛竹林样地(DXA)的生物量从2015—2017年到2023年增加较多,增加了2 329.61 kg(105.98%)。毛竹林样地2015—2017年以毛竹、桫椤、罗伞、粗糠柴和毛桐等物种为主,2023年以毛竹、慈竹、桫椤和毛桐等物种为主,竹类物种的重要值明显升高。

(2)桫椤-芭蕉-罗伞灌草丛样地(DXB)位于旅游道路旁,其生物量有所增加,但增加幅度不大,2023年较2015—2017年只增加了19.96%。桫椤-芭蕉-罗伞灌草丛样地2015—2017年以毛竹、毛脉南酸枣、罗伞、芭蕉和桫椤等物种为主,2023年以芭蕉、樟、桫椤等物种为主。

(3)竹叶榕灌草丛样地(DXC)位于河道,受洪水等自然灾害影响较大,其生物量从2015—2017年到2023年有所减少,且减少比例较大,达52.33%。竹叶榕灌草丛样地2015—2017年以樟、竹叶榕等物种为主,2023年以芭蕉为主,竹叶榕的重要值降低较多。

(4)枫香树-四川大头茶混交林样地(DXD)的生物量从2015—2017年到2023年增加较多,增量为6 588.91 kg,增加比例为561.19%。一期调查(2015—2017年)后,此样地发生了较大的地质灾害,原样地受到较大程度的破坏,又因样地邻近沟渠,空气湿润,光照充足,二期调查时样地处于生态恢复的初期,因此生物量有较大幅度的增加。枫香树-四川大头茶混交林样地2015—2017年以粗糠柴、四川大头茶、复羽叶栾、崖花子和毛桐等物种为主,2023年以马尾松、油桐、鼠刺和五月茶等物种为主,两期调查均有枫香树,但枫香树的重要值均不高。

(5)马尾松林样地(DXE)的生物量从2015—2017年到2023年有所减少,减幅较大,达57.17%。马尾松林样地2015—2017年以马尾松、油桐、穗序鹅掌柴等物种为主,2023年以马尾松、油桐、杉木等物种为主。马尾松林样地群落结构简单,这也是样地生物量减少的主要原因之一。

(6)亮叶桦林样地(DXF)的生物量从2015—2017年到2023年有所减少,但减幅不大,仅为3.58%。该样地2015—2017年以杉木、亮叶桦和杜鹃等物种为主,2023年以杉木、马尾松、柃木和细枝柃等物种为主,亮叶桦的重要值有所降低。

(7)润楠-楠木混交林样地(DXG)2015—2017年的生物量为2 644.59 kg,2023年的生物量为5 545.91 kg。该样地2015—2017年以润楠、赤杨叶和木姜子等物种为主,2023年以四川大头茶、杉木、楠木、近轮叶木姜子和润楠等物种为主。2023年样地的物种虽与2015—2017年的有所不同,但其生物量也较高,超过2023年各样地生物量的平均值(4 526.80 kg)。

(8)栲林样地(DXH)的生物量从2015—2017年到2023年呈现出减少的趋势,减幅为21.34%。该样地2015—2017年以栲、山茶、杜鹃和新木姜子等物种为主,2023年以杜鹃、栲、青冈和杉木等物种为主。

4.不同时间的典型植被固定监测样地群落植株(胸径>1 cm)高度分布结构

根据对两个大样地群落的高度级分析,本研究在对典型植被固定监测样地中胸径大于1 cm的植株高度进行分析时,将其划分为灌木层($H\leqslant3$ m)、亚乔木层(3 m$<H\leqslant9$ m)和乔木层($H>9$ m)。对2015—2017年与2023年植被调查中胸径大于1 cm的植株高度进行对比分析(表5-35)发现,各个样地群落中植株的高度组成及其变化各不相同。其中,毛竹林样地(DXA)在2015—2017年的调查中,3个高度级的植株数量占比比较接近,随着毛竹入侵程度加深,2023年毛竹林群落乔木层植株数量占比近80%。受毛竹入侵影响,灌木层与亚乔木层的植株数量占比下降较多。两个灌草丛样地(DXB、DXC)表现出高大乔木(乔木层)占比较小、乔木幼苗数量较多、群落物种组成不稳定的特征,这与其所处地理位置(金沙沟公路旁)密切相关。金沙沟作为桫椤的主要观赏地,受到强烈的人为(旅游)干扰,且由降雨引起的水淹也会对样地植物的生长带来巨大挑战,导致植物群落不稳定,物种更新速度快,植株个体小。典型植被固定监测样地DXD、DXE、DXF均表现为低矮植株(灌木层)占比减少、高大植株($H>3$ m)占比增加的趋势,符合群落的正常发展规律。由于典型植被固定监测样地DXG(润楠-楠木混交林)的位置发生了变化,不同时间的植株高度对比分析意义不大。从2023年调查结果来看,润楠-楠木混交林中亚乔木层的植株数量占比较大,乔木层主要以高大楠木和润楠为主,植株数量较少。栲林样地(DXH)中的杜鹃数量较多,以杜鹃为主的亚乔木层和灌木层植株数量占比较大。

表5-35 不同时间的典型植被固定监测样地群落植株(胸径大于1 cm)高度分布

样地代码	高度级	2015—2017年		2023年	
		数量/株	比例/%	数量/株	比例/%
DXA	H≤3 m	27	35.53	3	3.41
	3 m<H≤9 m	22	28.95	15	17.05
	H>9 m	27	35.53	70	79.55
DXB	H≤3 m	26	40.00	23	34.33
	3 m<H≤9 m	28	43.08	41	61.19
	H>9 m	11	16.92	3	4.48
DXC	H≤3 m	21	42.00	10	40.00
	3 m<H≤9 m	27	54.00	11	44.00
	H>9 m	2	4.00	4	16.00
DXD	H≤3 m	18	30.51	23	20.54
	3 m<H≤9 m	40	67.80	74	66.07
	H>9 m	1	1.69	15	13.39
DXE	H≤3 m	21	18.75	4	5.41
	3 m<H≤9 m	54	48.21	49	66.22
	H>9 m	37	33.04	21	28.38
DXF	H≤3 m	54	20.69	5	3.60
	3 m<H≤9 m	163	62.45	90	64.75
	H>9 m	44	16.86	44	31.65
DXG	H≤3 m	19	21.11	40	25.81
	3 m<H≤9 m	61	67.78	98	63.23
	H>9 m	10	11.11	17	10.97
DXH	H≤3 m	65	29.02	37	22.84
	3 m<H≤9 m	133	59.38	109	67.28
	H>9 m	26	11.61	16	9.88

5.不同时间的典型植被固定监测样地群落乔木层径级分布结构

对2015—2017年与2023年两期调查的典型植被固定监测样地乔木层径级分布结构进行统计分析(图5-43)发现,各样地径级分布结构与动态变化情况差异较大,具体情况如下:

(1)毛竹林样地(DXA)中,2015—2017年与2023年均以胸径>8~16 cm的个体为主,这部分植株主要为毛竹。由于毛竹的生长特性,其在幼年时期生长迅速,生长到一定程度后,径向生长速度减慢,其胸径主要集中在>8~16 cm,幼年个体(胸径小于等于8 cm)和胸径大于16 cm的个体较少。从时间变化来看,2023年毛竹林群落中胸径小于等于8 cm的个体所占比例降低,这部分植株多为毛竹林冠下的阔叶树种,随着毛竹入侵程度加深,林下阔叶树种生长受限。

(2)桫椤-芭蕉-罗伞灌草丛样地(DXB)群落乔木层径级分布结构呈现出随径级的增加,植株数量占比下降的良好增长态势。这种趋势受时间的影响不大,且2023年群落中胸径小于等于4 cm的植株占比有所上升,整个群落乔木层表现出较标准的增长趋势。

(3)由于竹叶榕灌草丛样地(DXC)群落所处的地理位置,2015—2017年与2023年乔木层各个径级的分布均未表现出明显规律,群落的径级分布随机性较高,处于不稳定状态。

(4)枫香树-四川大头茶混交林样地(DXD)在2015—2017年到2023年间经历了塌方的自然干扰,群落乔木层目前表现为幼年个体较多而成年个体较少。

(5)马尾松林样地(DXE)中,马尾松及杉木为群落中的优势种。由于针叶树种的生长特性,马尾松与杉木生长迅速且对样地中阔叶树种的生长具有一定的负面影响,所以胸径在>8~20 cm的植株较少。

(6)亮叶桦林样地(DXF)在两期调查中的乔木层径级分布结构具有一定差异。相对来说,2015—2017年亮叶桦林中乔木幼苗数量较多,呈现出更良好的增长型径级分布结构,2023年乔木幼苗数量减少,这也意味着群落达到一个相对稳定的状态。

(7)润楠-楠木混交林样地(DXG)由于位置发生了变化,其动态变化过程无法得知。但在两期调查的不同样地中,乔木层径级分布结构相似,均为典型的增长型群落,群落中乔木幼苗数量较多,群落乔木层现阶段个体间竞争较为激烈。

(8)对比栲林样地(DXH)群落的乔木层径级结构发现,相较于2015—2017年,

2023年胸径小于等于8 cm的植株个体数量有所减少,胸径在>8~16 cm的植株个体数量有所增加。

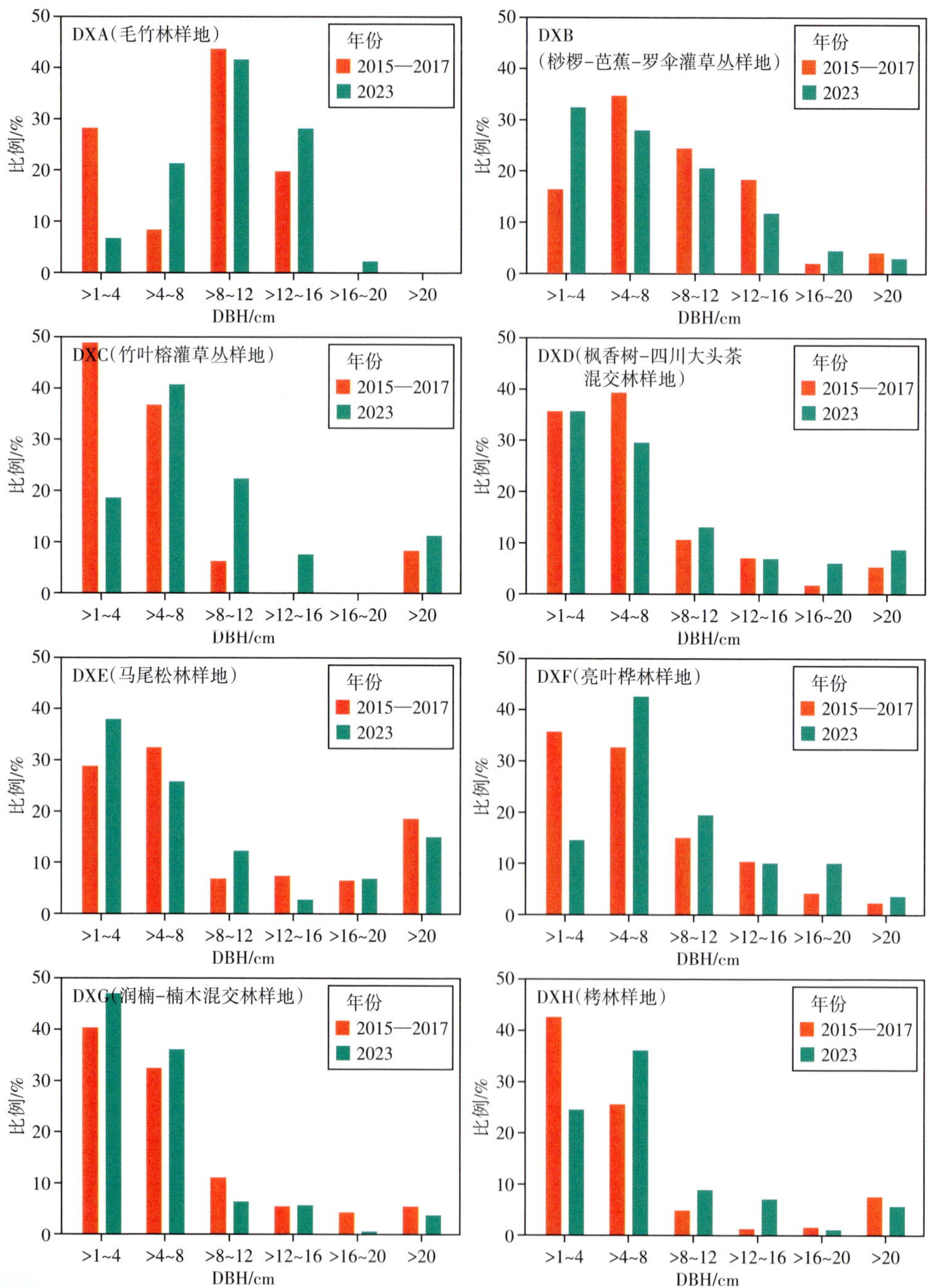

图5-43 不同时间的典型植被固定监测样地群落乔木层径级分布结构

第六章 重要物种动态变化监测

6.1 监测方法

贵州赤水桫椤国家级自然保护区内桫椤与小黄花茶的种群分布区域和分布特征差异较大，故应采用不同的监测方法。

6.1.1 桫椤种群监测方法

（1）样地选择：葫市沟片区、闷头溪片区。

（2）样地数量和面积：3个，每个400 m^2。

（3）样地标定：

根据桫椤分布及生长环境沿葫市沟河谷两侧建立2个桫椤群落监测小型样地（20 m × 20 m），在闷头溪沟谷内建立1个桫椤群落监测小型样地，共三个固定监测样地，分别标记为SGA、SGB、SGC，样地信息见表6-1。以SGA为例，桫椤固定监测样地样方布局示意图如图6-1所示。

（4）监测内容：乔木层监测内容包括植物种类、胸径、高度等；灌木层监测内容包括植物种类、株数或多度、平均高度、盖度等；草本层监测内容包括植物种类、每种植物的多度、盖度和高度、叶层平均高度等。

表6-1 桫椤固定监测样地信息

样地代码	经度	纬度	海拔	坡度	坡向
SGA	105°58′39.86″E	28°28′32.44″N	549 m	31°	北偏东12°
SGB	106°01′19.44″E	28°28′54.43″N	561 m	30°	南偏东66°
SGC	106°01′4.17″E	28°28′52.37″N	566 m	32°	南偏东76°

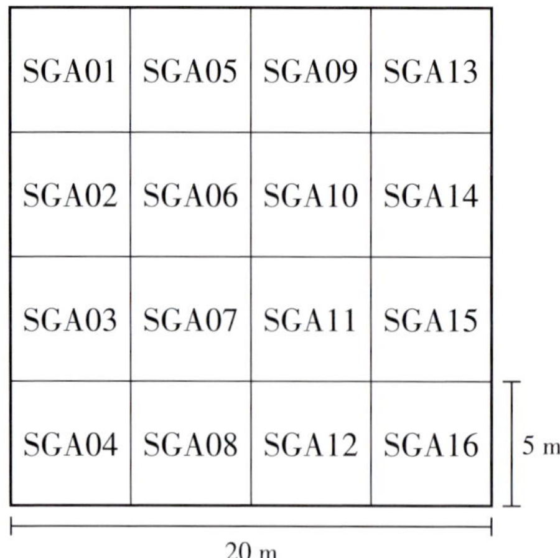

图6-1　桫椤固定监测样地样方布局示意图

6.1.2 小黄花茶种群监测方法

(1)样带选择:闷头溪片区。

(2)样带数量和面积:3条,每条600 m^2。

(3)样带标定:

小黄花茶自然分布在面积不超过2 km^2的闷头溪,依据分布环境沿溪设置3条20 m × 30 m的样带进行调查。由于小黄花茶分布在陡壁下或陡坡和沟谷边,样带设置为长条状。固定监测样带信息见表6-2。

将3条20 m × 30 m的小黄花茶固定监测样带划分为5 m × 5 m的样方进行每木调查,每10 m × 10 m随机选取一个1 m × 1 m的样方进行草本和灌木的调查。3条样带分别标记为M、S、H。

(4)监测内容:乔木层和灌木层监测内容包括种类、胸径、株数或多度、平均高度、盖度等,草本层监测内容包括植物种类、每种植物的多度、平均高度、盖度等。

表6-2　小黄花茶固定监测样带信息

样带代码	经度	纬度	海拔	坡度	坡向
M	105°57′54.49″E	28°28′13.32″N	341 m	21°	北偏西41°
S	105°58′24.18″E	28°28′56.45″N	664 m	18°	南偏西49°
H	105°58′39.81″E	28°28′33.39″N	562 m	31°	北偏东12°

6.2 监测结果

6.2.1 桫椤种群现状

6.2.1.1 桫椤群落物种重要值分析

对3个桫椤固定监测样地的不同植被层的重要值进行分析(表6-3),发现在3个样地的乔木层中,毛竹的重要值都最高,分别为40.07%、66.46%、71.48%,足以看出目前桫椤生境中的毛竹占比较大,毛竹对桫椤种群的发展有一定程度的限制。在SGA样地乔木层中,桫椤的重要值为38.53%,仅次于毛竹,两者重要值相差不大,且两者的重要值相加为78.60%,为样地主要优势种;灌木层中共3个物种,其中,桫椤的重要值为46.36%,小黄花茶仅次于桫椤,重要值为42.43%;在草本层中,莠竹的重要值为34.52%,远高于其他物种。SGB和SGC样地乔木层中毛竹的重要值远高于其他物种,占据绝对优势,且乔木层中桫椤的重要值分别为4.47%、4.09%,值较低,可以看出在这两个样地中,毛竹在乔木层中对其他物种(包括桫椤)的影响较大;灌木层中,两样地桫椤的重要值分别为47.77%、55.89%,远高于其他物种,可以看出在没有毛竹的灌木层中,桫椤表现出了绝对优势。草本层中的各物种重要值相近,SGB样地草本层共由7个物种组成,其中寒莓重要值最高,为21.66%;SGC样地草本层共由6个物种组成,其中福建观音座莲的重要值最高,为15.67%。

表6-3 桫椤群落物种重要值

(a)SGA样地

层次	物种	相对密度/%	相对频度/%	相对优势度/%	重要值
乔木层	毛竹	49.21	24.00	46.99	0.400 7
	桫椤	26.98	40.00	48.60	0.385 3
	慈竹	17.46	24.00	2.52	0.146 6
	小黄花茶	6.35	12.00	1.89	0.067 5
灌木层	桫椤	25.00	20.00	94.07	0.463 6
	小黄花茶	62.50	60.00	4.78	0.424 3
	糙叶榕	12.50	20.00	1.16	0.112 2

续表

层次	物种	相对密度/%	相对频度/%	相对优势度/%	重要值
草本层	莠竹	35.00	—	68.55	0.345 2
	小果蔷薇	10.00	—	12.10	0.073 7
	中华复叶耳蕨	15.00	—	4.84	0.066 1
	翠云草	15.00	—	3.23	0.060 8
	麦冬	10.00	—	5.65	0.052 2
	求米草	10.00	—	3.23	0.044 1
	里白	5.00	—	2.42	0.024 7

(b)SGB样地

层次	物种	相对密度/%	相对频度/%	相对优势度/%	重要值
乔木层	毛竹	68.99	41.67	88.73	0.664 6
	粗叶木	7.75	16.67	1.06	0.084 9
	罗伞	7.75	8.33	1.67	0.059 2
	杜茎山	5.43	8.33	0.37	0.047 1
	桫椤	2.33	5.56	5.52	0.044 7
	毛桐	1.55	5.56	0.06	0.023 9
	杉木	1.55	2.78	1.79	0.020 4
	吴茱萸	2.33	2.78	0.18	0.017 6
	穗序鹅掌柴	0.78	2.78	0.54	0.013 6
	贵州连蕊茶	0.78	2.78	0.05	0.012 0
	盐麸木	0.78	2.78	0.04	0.012 0
灌木层	桫椤	26.47	27.59	89.26	0.477 7
	粗叶木	23.53	20.69	1.64	0.152 9
	穗序鹅掌柴	8.82	10.34	3.47	0.075 5
	杜茎山	8.82	6.90	1.10	0.056 1
	罗伞	8.82	6.90	1.01	0.055 8
	杉木	5.88	6.90	1.83	0.048 7

续表

层次	物种	相对密度/%	相对频度/%	相对优势度/%	重要值
灌木层	盐麸木	2.94	3.45	0.50	0.022 9
	吴茱萸	2.94	3.45	0.35	0.022 5
	金珠柳	2.94	3.45	0.30	0.022 3
	漆	2.94	3.45	0.28	0.022 2
	毛桐	2.94	3.45	0.15	0.021 8
	绣球	2.94	3.45	0.11	0.021 7
草本层	寒莓	26.32	—	38.67	0.216 6
	早熟禾	21.05	—	22.10	0.143 8
	香附子	15.79	—	14.36	0.100 5
	西南悬钩子	10.53	—	9.76	0.067 6
	醉魂藤	10.53	—	6.81	0.057 8
	鸭跖草	10.53	—	5.89	0.054 7
	短莛山麦冬	5.26	—	2.39	0.025 5

(c)SGC样地

层次	物种	相对密度/%	相对频度/%	相对优势度/%	重要值
乔木层	毛竹	78.29	44.12	92.02	0.714 8
	粗叶木	9.30	17.65	1.52	0.094 9
	桫椤	2.33	5.88	4.05	0.040 9
	罗浮柿	1.55	5.88	0.92	0.027 8
	中华野独活	1.55	2.94	0.54	0.016 8
	大花枇杷	1.55	2.94	0.40	0.016 3
	鼠李	0.78	2.94	0.14	0.012 9
	慈竹	0.78	2.94	0.13	0.012 8
	四川大头茶	0.78	2.94	0.09	0.012 7
	贵州连蕊茶	0.78	2.94	0.07	0.012 6
	化香树	0.78	2.94	0.05	0.012 6

续表

层次	物种	相对密度/%	相对频度/%	相对优势度/%	重要值
乔木层	毛桐	0.78	2.94	0.04	0.012 5
	红雾水葛	0.78	2.94	0.03	0.012 5
灌木层	桫椤	92.67	37.50	37.50	0.558 9
	粗糠柴	1.17	25.00	25.00	0.170 6
	穗序鹅掌柴	4.61	12.50	12.50	0.098 7
	鼠李	0.86	12.50	12.50	0.086 2
	中华野独活	0.68	12.50	12.50	0.085 6
草本层	福建观音座莲	7.69	—	39.33	0.156 7
	香附子	23.08	—	23.60	0.155 6
	山姜	30.77	—	9.55	0.134 4
	花叶冷水花	23.08	—	7.87	0.103 1
	西南悬钩子	7.69	—	12.36	0.066 8
	早熟禾	7.69	—	7.30	0.050 0

6.2.1.2 桫椤种群数量动态分析

根据桫椤固定监测样地的调查数据和静态生命表编制方法，得到贵州赤水桫椤国家级自然保护区桫椤固定监测样地内桫椤的种群静态生命表(表6-4)，并用其分析整个保护区桫椤种群的数量动态特征。从表中可以看出，桫椤种群结构稳定性较低，桫椤固定监测样地中幼年个体数量较少，种群数量在第2龄级数量最多，第3龄级至第7龄级个体数量波动不大。e_x反映了不同龄级个体的期望寿命，可以看出，除第8龄级外，桫椤种群的期望寿命随龄级的增加而减小。

表6-4　桫椤种群静态生命表

龄级	高度/m	a_x	a_x^*	l_x	$\ln l_x$	d_x	q_x	L_x	T_x	e_x	K_x
1	H≤1	3	8	1 000	6.908	125	0.125	938	4 000	4.000	0.134
2	1<H≤2	8	7	875	6.774	125	0.143	813	3 063	3.501	0.154
3	2<H≤3	4	6	750	6.620	125	0.167	688	2 250	3.000	0.182
4	3<H≤4	5	5	625	6.438	125	0.200	563	1 563	2.501	0.223

续表

龄级	高度/m	a_x	a_x^*	l_x	$\ln l_x$	d_x	q_x	L_x	T_x	e_x	K_x
5	$4<H\leqslant5$	4	4	500	6.215	125	0.250	438	1 000	2.000	0.288
6	$5<H\leqslant6$	6	3	375	5.927	125	0.333	313	563	1.501	0.405
7	$6<H\leqslant7$	6	2	250	5.521	125	0.500	188	250	1.000	0.693
8	$7<H\leqslant8$	1	1	125	4.828	125	1.000	63	274	2.192	4.828

注：a_x=存活数；a_x^*=匀滑后的存活数；l_x=存活量；d_x=死亡量；q_x=死亡率；L_x=平均存活数；T_x=存活总数；e_x=期望寿命；K_x=消失率。

存活曲线是一条借助存活个体数量来描述特定年龄存活率，描述种群个体在各龄级的存活状况的曲线，是通过特定年龄组的个体数量作图得到的，可以反映种群的动态特征。按照Deevey（1947）的划分，种群存活曲线一般有3种基本类型：I型是凸型曲线，属于该类型的种群绝大多数个体都能活到该物种年龄，早期死亡率低，但当个体活到一定生理年龄时，几乎在短期内全部死亡；Ⅱ型是直线型，也称对角线型，属于该类型的种群个体在各年龄的死亡率基本相同；Ⅲ型是凹型曲线，属于该类型的种群个体早期死亡率高，但个体一旦活到某一年龄时，死亡率就较低。

本次调查以植株高度相对应的龄级为横坐标，以桫椤种群存活量的自然对数为纵坐标，根据2023年桫椤种群静态生命表绘制了其种群存活曲线（图6-2）。由图可见，贵州赤水桫椤国家级自然保护区的桫椤种群存活曲线趋向于Deevey Ⅱ型，存活率随龄级增加呈下降趋势，且各龄级间下降趋势基本一致，仅第7至第8龄级的下降幅度较大。

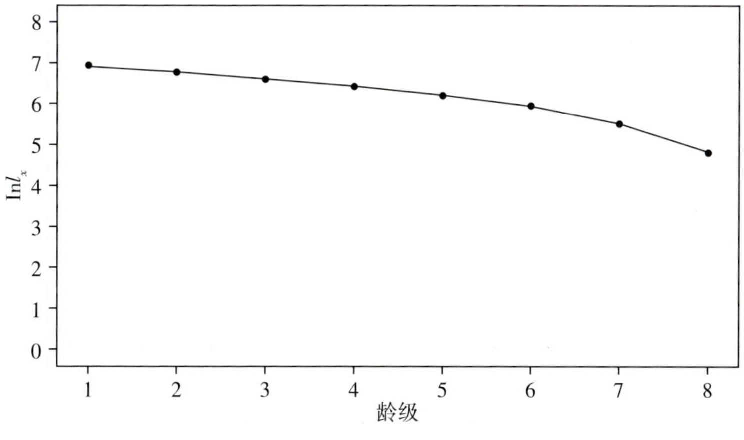

图6-2　桫椤种群存活曲线

以植株高度相对应的龄级为横坐标，以消失率（K_x）和死亡率（q_x）的值为纵坐标，作桫椤群落的消失率和死亡率曲线（图6-3）。由图可见，消失率和死亡率随龄级增加表现出基本一致的上升趋势，仅在第8龄级中消失率远高于死亡率。由于桫椤种群的自然生理年龄限制，在第8龄级会表现出较高的消失率与死亡率，种群快速消亡。

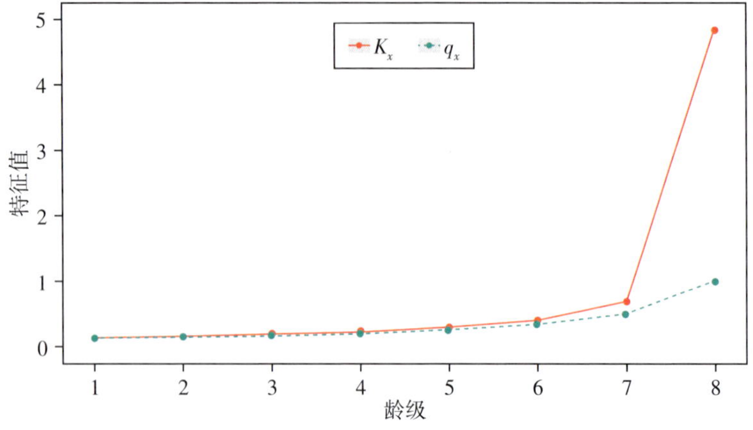

图6-3 桫椤种群的消失率和死亡率曲线

贵州赤水桫椤国家级自然保护区的桫椤种群生存函数估算值见表6-5。以龄级为横坐标，分别以4个函数的估算值为纵坐标作图，得到生存率函数（F_{si}）和累积死亡率函数（F_{ti}）曲线图（图6-4），以及死亡密度函数（f_{ti}）和危险率函数（λ_{ti}）曲线图（图6-5）。

表6-5 桫椤种群生存函数估算值

龄级	高度/m	F_{si}	F_{ti}	f_{ti}	λ_{ti}
1	$H \leq 1$	0.875	0.125	0.125	0.133
2	$1 < H \leq 2$	0.750	0.250	0.125	0.154
3	$2 < H \leq 3$	0.625	0.375	0.125	0.182
4	$3 < H \leq 4$	0.500	0.500	0.125	0.222
5	$4 < H \leq 5$	0.375	0.625	0.125	0.286
6	$5 < H \leq 6$	0.250	0.750	0.125	0.400
7	$6 < H \leq 7$	0.125	0.875	0.125	0.667
8	$7 < H \leq 8$	0.000	1.000	0.125	2.000

注：F_{si}=生存率函数；F_{ti}=累积死亡率函数；f_{ti}=死亡密度函数；λ_{ti}=危险率函数。

由图6-4可知，在桫椤固定监测样地中，桫椤种群的生存率函数呈线性单调递增趋势，累积死亡率函数呈线性单调递减趋势，二者呈互补关系。

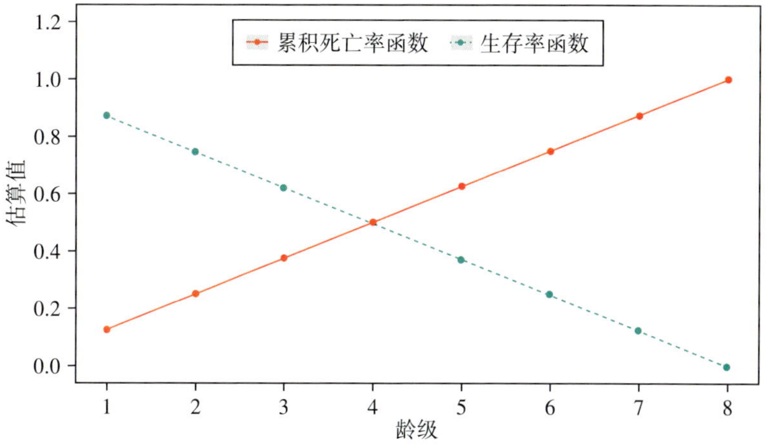

图6-4　桫椤种群生存率函数和累积死亡率函数曲线图

由图6-5可知，桫椤种群死亡密度函数保持平稳，在各个龄级均为0.125，表示桫椤个体在各个龄级的死亡概率相同。而危险率函数随龄级增加呈上升趋势，上升幅度逐渐增大。由于桫椤的生理年龄限制，桫椤种群的危险率在第8龄级达到峰值，种群快速消亡。

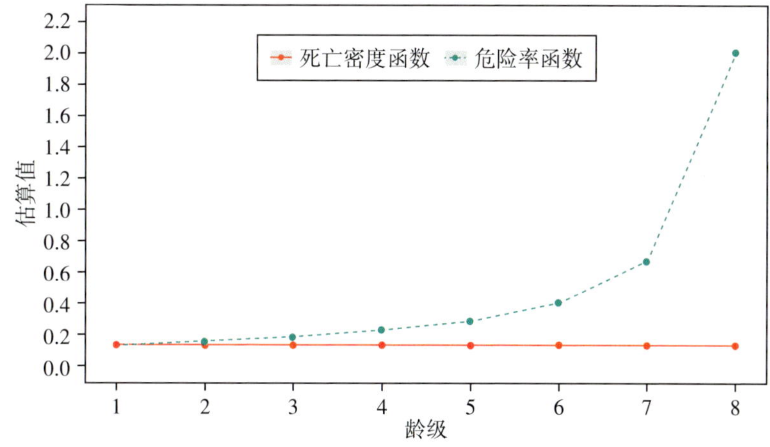

图6-5　桫椤种群死亡密度函数和危险率函数曲线图

6.2.1.3 桫椤群落对比分析

贵州赤水桫椤国家级自然保护区内桫椤所在群落主要有毛竹-桫椤群落、桫椤-芭蕉群落、阔叶树-桫椤群落。经综合调查，保护区内桫椤种群不仅分布面积大,而且分布相对集中,但其生长状况、数量特征及自然更新与持续生存的能力,受到多种因素干扰:郁闭度的大小会直接影响种群幼苗更新的光环境,从而影响桫椤种群幼苗的更新情况;毛竹的快速扩张会威胁到桫椤的生存环境。野外调查时发现,保护区内桫椤种群草本层的盖度较高,人为干扰和破坏比较严重(种群中的原生植被被毛竹林、慈竹林替代等),这也会影响桫椤种群的生长和幼苗更新。

依照Raunkiaer提出的生活型分类系统,对2015—2017年和2023年调查得到的桫椤固定监测样地伴生种生活型进行统计分析(图6-6)。

2015年贵州赤水桫椤国家级自然保护区桫椤群落伴生植物有122种。其中,高位芽植物种类最多,有70种,占总种数的57.38%;地上芽植物有23种,占总种数的18.85%;地下芽植物有22种,占总种数的18.03%;种类较少的是地面芽(3种)和一年生(4种)植物,分别占总种数的2.46%和3.28%。高位芽植物中,大高位芽植物缺乏,林下灌木层物种丰富,小高位芽(43种)、矮高位芽(23种)植物种类较多,而中高位芽植物种类较少(4种)。

2016年调查分析发现,桫椤群落伴生植物105种,物种丰富度有所下降,高位芽植物种类仍为最多,占总种数的51.43%,地面芽植物种类最少,占总种数的5.71%。

2017年调查分析发现,桫椤群落伴生植物中高位芽植物种类占总种数的比重最大,达58.76%,地面芽植物种类最少,占比为5.77%,整体比例分布与2015、2016年无较大变化。但是,地下芽植物种类占比连续三年减少,从2015年的18.03%减少到2017年的8.84%,中高位芽植物种类占比连续三年增多,从2015年的3.42%增加到2017年的12.50%。

对2023年桫椤固定监测样地伴生种生活型进行分析调查发现,2023年有47个桫椤伴生种,与2015—2017年桫椤固定监测样地不同,2023年桫椤固定监测样地已经全部变成了毛竹-桫椤群落。2015—2023年,毛竹入侵严重,桫椤固定监测样地的物种总数受到了较大影响,物种数量从2015年的122种下降至2023年的47种。

从各个生活型占比来看,2015—2017年、2023年的数据均表现为高位芽植物种类占比最大,整体趋势并未发生较大变化,矮高位芽植物种类在这个过程中占比逐渐减少。但地上芽、地面芽、地下芽和一年生植物种类的占比有所上升或稍有减少,说明在毛竹入侵的过程中与高位芽植物相比,其他生活型物种受到的影响相对较小。

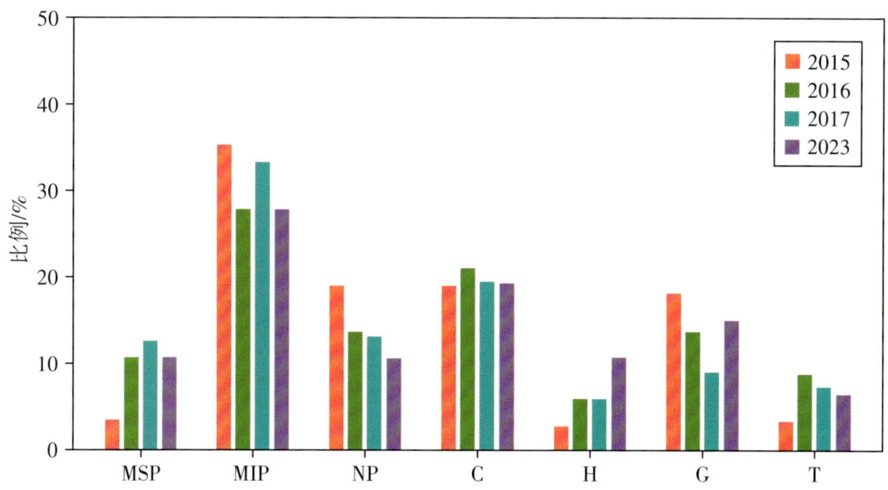

注:MSP=中高位芽;MIP=小高位芽;NP=矮高位芽;C=地上芽;H=地面芽;G=地下芽;T=一年生。

图6-6 桫椤固定监测样地伴生种生活型谱

6.2.2 小黄花茶群落现状

6.2.2.1 小黄花茶群落物种重要值分析

小黄花茶固定监测样带中有两条样带属于毛竹-小黄花茶群落,样带中的小黄花茶分布较为分散。对3条样带的物种重要值进行分析(表6-6)发现:在1号样带(M)的乔木层中,物种重要值最大的是樟,其重要值为29.95%,其次是毛竹,重要值为22.89%,两者重要值相差不大;灌木层中,小黄花茶的重要值最大,为50.88%,其次是桫椤,重要值为21.01%,小黄花茶的重要值远大于其他物种,为灌木层的最优种;草本层由7个物种共同组成,其中,莠竹的重要值最大,为34.52%。

2号样带(S)和3号样带(H)都是毛竹-小黄花茶群落,在乔木层中,毛竹的重要值最大,分别为66.55%、43.93%,小黄花茶的重要值分别为16.04%、6.65%,小黄花茶在3号样带中的重要值较小,可能跟样带中存在较多桫椤(重要值为30.44%)有关。2号样带的灌木层中,小黄花茶的重要值为82.40%,远高于其他物种,为灌木层中的最优种;但在3号样带的灌木层中,小黄花茶的重要值为20.93%,重要值比桫椤(重要值为59.24%)低接近40%,这个情况与该样带乔木层中的小黄花茶和桫椤的关系相符。两条样带的草本层都由7个物种组成,2号样带草本层中重要值最大的是乌毛蕨(19.95%),3号样带草本层中重要值最大的是落地梅(34.38%)。

表6-6 小黄花茶群落物种重要值

(a)1号样带(M)

层次	物种	相对密度/%	相对频度/%	相对优势度/%	重要值
乔木层	樟	14.04	17.86	57.96	0.299 5
	毛竹	31.58	28.57	8.51	0.228 9
	金珠柳	14.04	10.71	13.28	0.126 8
	慈竹	15.79	10.71	1.01	0.091 7
	小黄花茶	10.53	10.71	4.96	0.087 3
	星毛鸭脚木	3.51	3.57	8.99	0.053 6
	杜茎山	5.26	7.14	1.08	0.045 0
	润楠	1.75	3.57	3.48	0.029 3
	贵州鼠李	1.75	3.57	0.68	0.020 0
	柃木	1.75	3.57	0.05	0.017 9
灌木层	小黄花茶	76.92	50.00	25.71	0.508 8
	桫椤	3.85	10.00	49.19	0.210 1
	毛竹	7.69	10.00	16.62	0.114 4
	毛桐	3.85	10.00	3.16	0.056 7
	糙叶榕	1.92	5.00	2.67	0.032 0
	红雾水葛	1.92	5.00	1.21	0.027 1
	异叶榕	1.92	5.00	0.72	0.025 5
	金珠柳	1.92	5.00	0.70	0.025 4
草本层	莠竹	35.00	—	68.55	0.345 2
	小果蔷薇	10.00	—	12.10	0.073 7
	中华复叶耳蕨	15.00	—	4.84	0.066 1
	翠云草	15.00	—	3.23	0.060 8
	麦冬	10.00	—	5.65	0.052 2
	求米草	10.00	—	3.23	0.044 1
	里白	5.00	—	2.42	0.024 7

(b)2号样带(S)

层次	物种	相对密度/%	相对频度/%	相对优势度/%	重要值
乔木层	毛竹	69.12	44.44	86.09	0.665 5
	小黄花茶	18.38	25.00	4.74	0.160 4
	毛桐	3.68	8.33	2.52	0.048 4
	刚竹	2.94	5.56	0.79	0.030 9
	慈竹	2.21	5.56	0.67	0.028 1
	盐麸木	1.47	2.78	2.37	0.022 1
	桫椤	0.74	2.78	2.34	0.019 5
	异色山黄麻	0.74	2.78	0.29	0.012 7
	梾木	0.74	2.78	0.19	0.012 3
灌木层	小黄花茶	85.19	78.57	83.44	0.824 0
	油茶	11.11	14.29	6.04	0.104 8
	毛竹	3.70	7.14	10.52	0.071 2
草本层	乌毛蕨	20.83	—	39.01	0.199 5
	石斛	20.83	—	17.73	0.128 5
	棕叶狗尾草	12.50	—	21.28	0.112 6
	十字薹草	16.67	—	10.64	0.091 0
	江南卷柏	12.50	—	7.09	0.065 3
	乌蕨	12.50	—	3.55	0.053 5
	绞股蓝	4.17	—	0.71	0.016 3

(c)3号样带(H)

层次	物种	相对密度/%	相对频度/%	相对优势度/%	重要值
乔木层	毛竹	49.50	27.78	54.51	0.439 3
	桫椤	18.81	33.33	39.19	0.304 4
	慈竹	24.75	27.78	4.40	0.189 8
	小黄花茶	6.93	11.11	1.90	0.066 5

续表

层次	物种	相对密度/%	相对频度/%	相对优势度/%	重要值
灌木层	桫椤	50.00	33.33	94.38	0.592 4
	小黄花茶	25.00	33.33	4.46	0.209 3
	糙叶榕	25.00	33.33	1.16	0.198 3
草本层	落地梅	35.00	—	68.13	0.343 8
	江南卷柏	25.00	—	9.64	0.115 5
	水麻	10.00	—	8.39	0.061 3
	棕叶狗尾草	10.00	—	6.29	0.054 3
	石斛	10.00	—	2.10	0.040 3
	十字薹草	5.00	—	3.14	0.027 1
	蕺菜	5.00	—	2.31	0.024 4

6.2.2.2 小黄花茶群落数量动态分析

根据小黄花茶固定监测样带2023年监测结果并结合静态生命表编制方法，得到贵州赤水桫椤国家级自然保护区小黄花茶固定监测样带中小黄花茶种群静态生命表（表6–7），并用其分析保护区内小黄花茶种群数量的动态特征。从表中可以看出，小黄花茶种群数量结构存在波动，在幼年阶段个体数量较多，其中，树高大于130 cm、胸径小于等于4 cm的个体数量最多。e_x反映了不同龄级个体的期望寿命，随龄级的增加，种群的期望寿命基本呈减小的趋势，成年阶段中仅在第7龄级表现出较高的期望寿命。

表6–7 小黄花茶种群静态生命表

龄级	高度（H）和胸径（DBH）	a_x	a_x^*	l_x	$\ln l_x$	d_x	q_x	L_x	T_x	e_x	K_x
1	H≤130 cm	24	31	1 000	6.908	161	0.161	919	3 177	3.456	0.176
2	H>130 cm，0 cm<DBH≤2 cm	38	26	839	6.732	161	0.192	758	2 258	2.979	0.214
3	H>130 cm，2 cm<DBH≤4 cm	33	21	677	6.518	161	0.238	597	1 500	2.514	0.272
4	H>130 cm，4 cm<DBH≤6 cm	14	16	516	6.246	161	0.313	435	903	2.074	0.375

续表

龄级	高度(H)和胸径(DBH)	a_x	a_x^*	l_x	$\ln l_x$	d_x	q_x	L_x	T_x	e_x	K_x
5	H>130 cm, 6 cm<DBH≤8 cm	1	11	355	5.872	161	0.455	274	468	1.707	0.606
6	H>130 cm, 8 cm<DBH≤10 cm	1	6	194	5.266	161	0.833	113	194	1.718	1.792
7	H>130 cm, 10 cm<DBH≤12 cm	0	1	32	3.474	0	0.000	32	81	2.511	0.000
8	H>130 cm, 12 cm<DBH≤14 cm	1	1	32	3.474	0	0.000	32	48	1.488	0.000
9	H>130 cm, 14 cm<DBH	1	1	32	3.474	32	1.000	16	16	0.992	3.474

注：a_x=存活数；a_x^*=匀滑后的存活数；l_x=存活量；d_x=死亡量；q_x=死亡率；L_x=平均存活数；T_x=存活总数；e_x=期望寿命；K_x=消失率。

存活曲线是一条借助存活个体数量来描述特定年龄存活率，描述种群个体在各龄级的存活状况的曲线，是通过特定年龄组的个体数量作图得到的，可以反映种群动态特征。按照Deevey（1947）的划分，种群存活曲线一般有3种基本类型：Ⅰ型是凸型曲线，属于该类型的种群绝大多数个体都能活到该物种年龄，早期死亡率低，但当个体活到一定生理年龄时，几乎在短期内全部死亡；Ⅱ型是直线型，也称对角线型，属于该类型的种群个体在各年龄的死亡率基本相同；Ⅲ型是凹型曲线，属于该类型的种群个体早期死亡率高，但个体一旦活到某一年龄时，死亡率就较低。

本研究以植株高度及胸径相对应的龄级为横坐标，以小黄花茶种群存活量的自然对数$\ln l_x$为纵坐标，根据贵州赤水桫椤国家级自然保护区小黄花茶种群静态生命表，绘制了小黄花茶种群的存活曲线（图6-7）。由图可见，保护区内小黄花茶种群的存活曲线趋向于Deevey Ⅲ型，存活率在第1至第6龄级之间的下降趋势大致相同，在第6至第7龄级的下降趋势比其他龄级明显，但在第7至第9龄级，种群存活率保持不变。

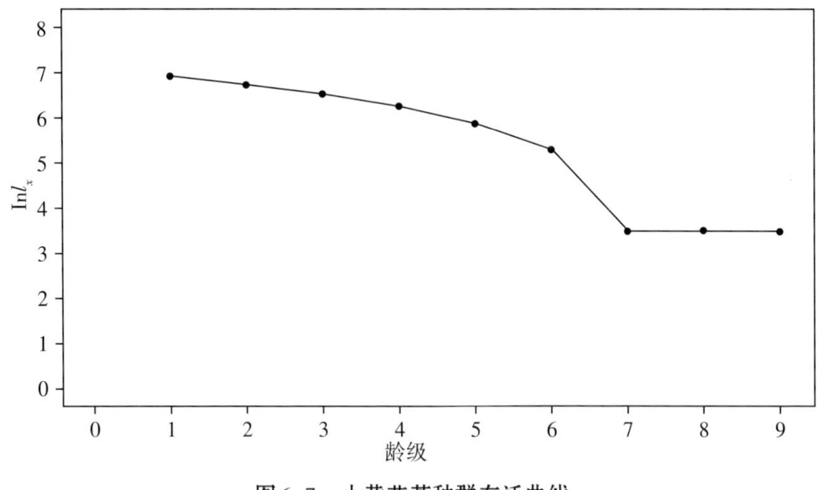

图6-7 小黄花茶种群存活曲线

以植株高度及胸径相对应的龄级为横坐标，以消失率(K_x)和死亡率(q_x)为纵坐标，作小黄花茶种群的消失率和死亡率曲线(图6-8)。由图可见，小黄花茶种群消失率和死亡率曲线的变化基本一致，表现出保护区内小黄花茶种群的一般特征。第1至第6龄级的消失率和死亡率都表现为增加趋势，第7、第8两个龄级的消失率和死亡率均较小。小黄花茶的消失率和死亡率都存在两个波峰，在第6龄级和第9龄级的消失率和死亡率都高于相邻的龄级。小黄花茶生长到第6龄级消失率和死亡率上升可能是由于到第6龄级时，个体相对较大，种间竞争与种内竞争加剧。第9龄级的消失率和死亡率较大可能是由于小黄花茶生长至其生理年龄的正常死亡。

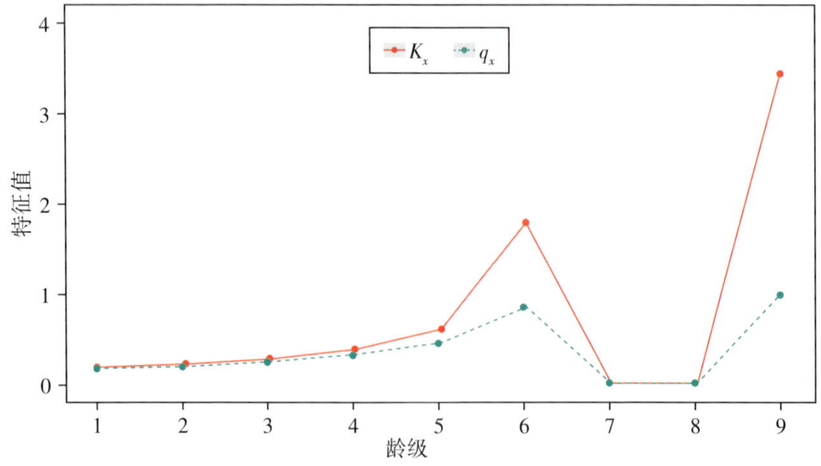

图6-8 小黄花茶种群消失率和死亡率曲线

贵州赤水桫椤国家级自然保护区的小黄花茶种群生存函数估算值见表6-8。以高度和胸径相对应的龄级为横坐标，分别以4个函数的估算值为纵坐标作图，得到生存率函数(F_{si})和累积死亡率函数(F_{ti})曲线图(图6-9)，以及死亡密度函数(f_{ti})和危险率函数(λ_{ti})曲线图(图6-10)。

表6-8　小黄花茶种群生存函数估算值

龄级	高度(*H*)和胸径(DBH)	F_{si}	F_{ti}	f_{ti}	λ_{ti}
1	*H*≤130 cm	0.839	0.161	0.161	0.175
2	*H*>130 cm，0 cm<DBH≤2 cm	0.677	0.323	0.161	0.106
3	*H*>130 cm，2 cm<DBH≤4 cm	0.516	0.484	0.081	0.135
4	*H*>130 cm，4 cm<DBH≤6 cm	0.355	0.645	0.081	0.185
5	*H*>130 cm，6 cm<DBH≤8 cm	0.194	0.806	0.081	0.294
6	*H*>130 cm，8 cm<DBH≤10 cm	0.032	0.968	0.081	0.714
7	*H*>130 cm，10 cm<DBH≤12 cm	0.032	0.968	0.000	0.000
8	*H*>130 cm，12 cm<DBH≤14 cm	0.032	0.968	0.000	0.000
9	*H*>130 cm，14 cm<DBH	0.000	1.000	0.016	1.000

注：F_{si}=生存率函数；F_{ti}=累积死亡率函数；f_{ti}=死亡密度函数；λ_{ti}=危险率函数。

由图6-9可知，贵州赤水桫椤国家级自然保护区内小黄花茶种群在第1至第6龄级生存率函数呈单调递减，累积死亡率函数呈单调递增。第6龄级后生存率函数与累积死亡率函数的变化趋势小，保持相对平稳。在第9龄级由于种群已到达生理年龄，累积死亡率达到最大值1，相应的生存率为0。

如图6-10所示，保护区内小黄花茶种群的死亡密度函数分别在第2至第3龄级、第6至第7龄级表现出两次下降。危险率函数在第2至6龄级呈上升趋势，在第6至第7龄级突然下降，在第8至第9龄级突然上升，并在第9龄级达到最大值。

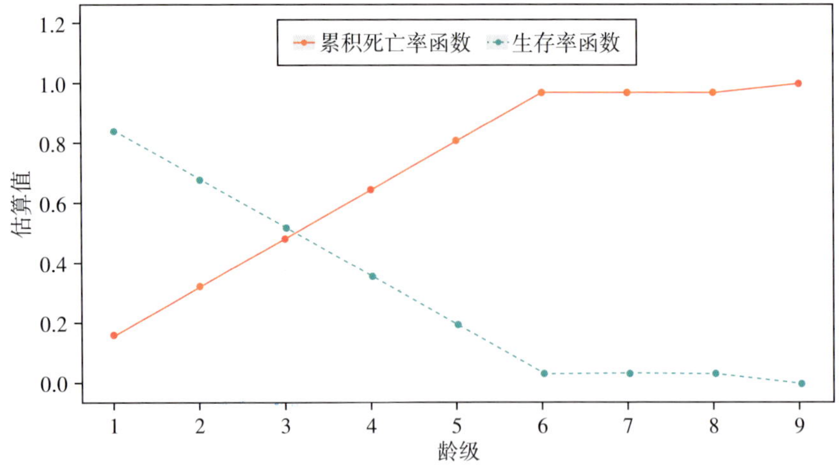

图6-9　小黄花茶种群累积死亡率函数与生存率函数曲线

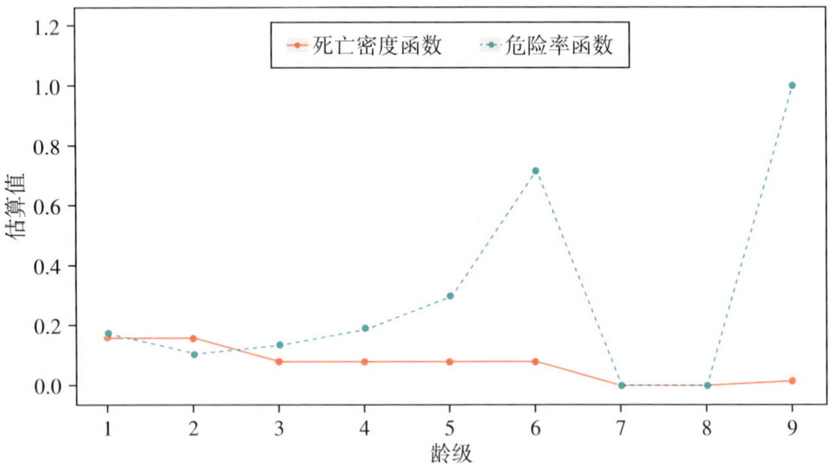

图6-10　小黄花茶种群死亡密度函数与危险率函数曲线

6.2.2.3 小黄花茶群落对比分析

按照Raunkiaer提出的生活型分类系统,对小黄花茶样带2015—2017年、2023年的调查数据进行对比分析(图6-11),2023年小黄花茶所在群落的高位芽植物占比最大,为51.35%,其次为2015年,高位芽植物占43.24%。从2017年到2023年,小黄花茶所在群落地上芽和一年生植物明显减少,地上芽植物占比从2017年的28.47%下降至2023年的2.70%,一年生植物占比从2017年的7.69%下降至0。

2015—2017年,保护区内小黄花茶群落的物种生活型谱的变化规律不明显。2015年,小黄花茶群落的高位芽植物最多,占43.24%,地上芽植物占16.22%,地面芽植物和地下芽植物均占16.89%,一年生植物较少,占6.77%;2016年,小黄花茶群落的高位芽植物仍为最多,占比为35.94%,地上芽植物占比明显增加,占28.13%,地面芽植物和地下芽植物共占31.25%,一年生植物更少,占4.69%;2017年,小黄花茶群落生活型谱整体无较大变化,依然为高位芽植物最多,占34.89%,地上芽植物占28.47%,地面芽植物占比略增多,为21.54%,地下芽植物占比减少为7.41%,一年生植物变化较小,占7.69%。2023年,小黄花茶群落的高位芽植物占比升高,占51.35%,地上芽植物占比显著降低,为2.70%,地面芽与地下芽植物占比均有所上升,占比分别为24.32%、21.62%,无一年生植物。

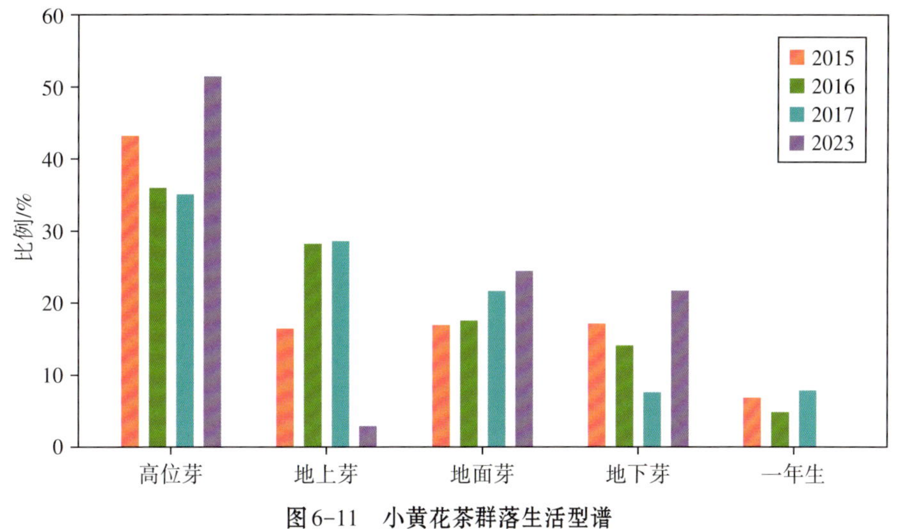

图6-11　小黄花茶群落生活型谱

对小黄花茶种群各径级分布百分比进行分析(表6-9),结果显示小黄花茶小径级个体数量较多,随着径级增大(1 cm<DBH≤6 cm),个体数量基本呈减少趋势。对2015—2017年、2023年的小黄花茶种群径级分布结构分析(图6-12)发现,2023年样带中小黄花茶幼苗(DBH≤1 cm)个体数量明显增多,占所有植株数量的19.47%,这对小黄花茶种群的数量增长有着积极的影响。

表6-9　小黄花茶种群径级分布百分比

时间	Ⅰ	Ⅱ	Ⅲ	Ⅳ	Ⅴ	Ⅵ	Ⅶ
2015年	7.49%	35.24%	27.75%	14.54%	6.17%	3.52%	5.29%
2016年	6.67%	46.67%	32.00%	8.00%	5.33%	2.67%	4.00%
2017年	3.85%	34.62%	19.23%	23.08%	7.69%	7.69%	3.85%
2023年	19.47%	31.86%	20.35%	11.50%	10.62%	2.65%	3.54%

注:Ⅰ为DBH≤1 cm;Ⅱ为1 cm<DBH≤2 cm;Ⅲ为2 cm<DBH≤3 cm;Ⅳ为3 cm<DBH≤4 cm;Ⅴ为4 cm<DBH≤5 cm;Ⅵ为5 cm<DBH≤6 cm;Ⅶ为DBH>6 cm。

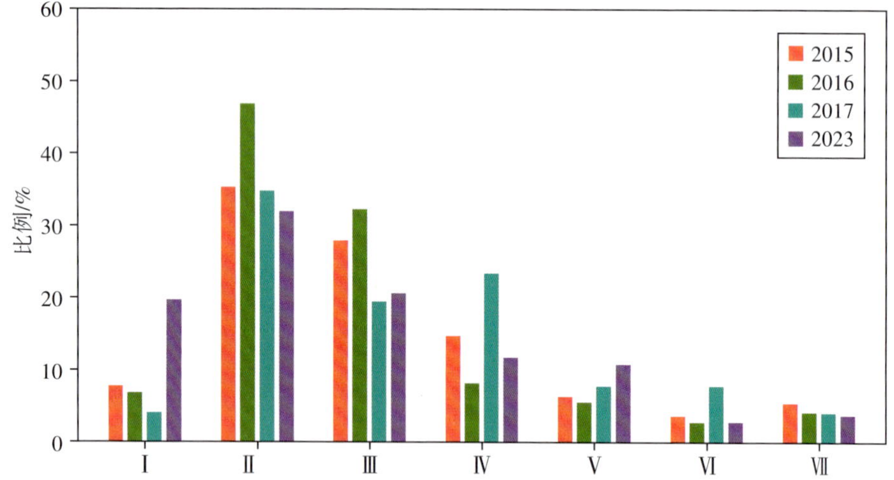

注:Ⅰ为DBH≤1 cm;Ⅱ为1 cm<DBH≤2 cm;Ⅲ为2 cm<DBH≤3 cm;Ⅳ为3 cm<DBH≤4 cm;Ⅴ为4 cm<DBH≤5 cm;Ⅵ为5 cm<DBH≤6 cm;Ⅶ为DBH>6 cm。

图6-12　小黄花茶种群径级分布结构

对样带内小黄花茶种群高度级分布结构进行分析(表6-10、图6-13),结果显示,2015—2017年、2023年的调查中树高(H)在2 m~<3 m的个体数量逐渐减少,2023年树高大于等于3 m的个体数量较2017年增多。2017—2023年,小黄花茶种群生长状态良好,其幼苗数量虽有增加,但总个体数量仍然较少,可见小黄花茶群落中的幼苗库丰富度一般,林下幼苗更新发育状况受到影响,群落的天然更新存在一定的困难;个体较大的植株数量明显增多,其中树高在4 ~<5 m的个体数量占比明显上升,但与径级分布情况相似,小黄花茶树高大于等于3 m的个体数量有所减少。

调查发现，小黄花茶多分布于陡坡、山崖陡壁，或沟谷两侧的底部，通过种、桩、根萌等方式实现种群更新，受到土壤条件、雨水冲刷、草本层蕨类植物竞争等环境因素影响，种子成活率低。加上小黄花茶自身生长缓慢、藤本植物缠绕、乔木层优势种竞争压力大及毛竹的快速繁殖等原因，其幼树进入乔木层的过程较为艰难。因此，应加强对小黄花茶种子的收集和对幼树的保护。

表6-10　小黄花茶种群高度级分布百分比

时间	A	B	C	D	E	F	G
2015年	3.70%	33.33%	44.44%	7.41%	3.70%	3.70%	3.70%
2016年	1.33%	32.00%	40.00%	16.00%	4.00%	1.33%	5.33%
2017年	16.30%	20.75%	33.92%	8.81%	8.81%	7.93%	3.52%
2023年	14.91%	26.32%	26.32%	10.53%	14.04%	4.39%	3.51%

注：A为$H<1$ m；B为1 m$\leq H<2$ m；C为2 m$\leq H<3$ m；D为3 m$\leq H<4$ m；E为4 m$\leq H<5$ m；F为5 m$\leq H<6$ m；G为$H\geq 6$ m。

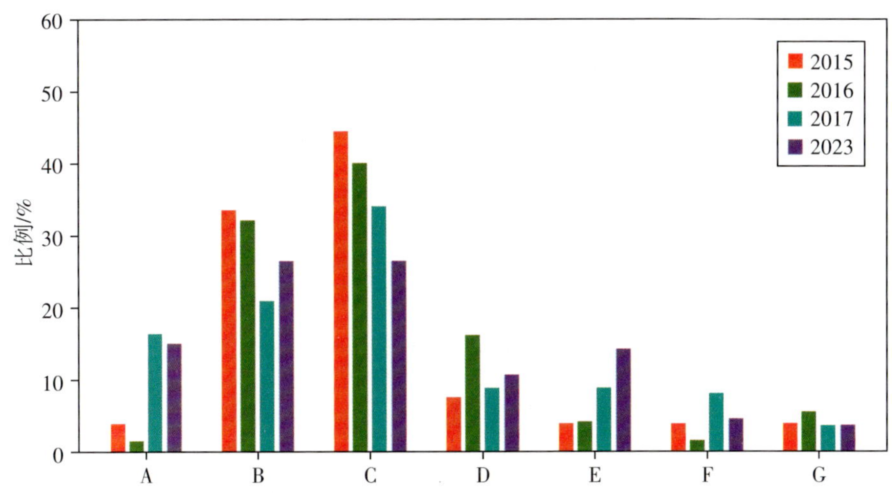

注：A为$H<1$ m；B为1 m$\leq H<2$ m；C为2 m$\leq H<3$ m；D为3 m$\leq H<4$ m；E为4 m$\leq H<5$ m；F为5 m$\leq H<6$ m；G为$H\geq 6$ m。

图6-13　小黄花茶种群高度级分布结构

第七章
毛竹入侵对桫椤种群的影响

7.1 监测方法

（1）样带选择：葫市沟沟口、金沙沟。

（2）样带数量和面积：3条，每条1 200 m^2。

（3）样带标定：

在葫市沟沟口两侧的毛竹-桫椤群落（图7-1）建立3条固定监测样带（20 m×60 m），研究毛竹入侵干扰对桫椤种群分布和扩散的影响。3条毛竹入侵固定监测样带分别标记为MZA、MZB、MZC，样带信息见表7-1。

图7-1　毛竹-桫椤群落外观

表7-1　毛竹入侵固定监测样带信息

样带代码	经度	纬度	海拔	坡度	坡向
MZA	106°00′51.53″E	28°28′47.68″N	574 m	36°	东偏南10°
MZB	106°01′38.78″E	28°28′43.33″N	573 m	35°	西偏南51°
MZC	106°00′49.1″E	28°25′38.82″N	504 m	10°	北偏东24°

7.2 监测结果

7.2.1 群落重要值分析

毛竹入侵固定监测样带群落物种重要值如表7-2所列，毛竹的相对密度、相对频度、相对优势度都显著高于其他物种，毛竹重要值为70.67%，远超第二位的桫椤（重要值为7.45%）。样带中，竹类植物占据了群落林冠层，使桫椤种群在光照和生存空间上受到胁迫，从而限制了桫椤种群的生长发育。可见毛竹入侵对重点保护物种桫椤的生境影响极大，严重威胁了桫椤的生长繁殖。

表7-2　毛竹入侵固定监测样带群落物种重要值

层次	物种	相对密度/%	相对频度/%	相对优势度/%	重要值
乔木层	毛竹	79.51	45.39	87.10	0.706 7
	桫椤	3.84	8.87	9.65	0.074 5
	罗伞	3.18	8.87	0.45	0.041 7
	毛桐	1.59	6.03	0.17	0.026 0
	禾串树	1.78	4.96	0.11	0.022 9
	青藤公	2.06	3.90	0.33	0.021 0
	慈竹	1.59	2.84	0.70	0.017 1
	杜茎山	1.03	3.19	0.07	0.014 3
	赤杨叶	0.47	1.77	0.08	0.007 7
	油桐	0.28	1.06	0.57	0.006 4
	岗柃	0.47	1.06	0.07	0.005 4
	穗序鹅掌柴	0.37	1.06	0.08	0.005 0
	润楠	0.37	1.06	0.04	0.004 9
	茜树	0.28	1.06	0.02	0.004 6
	大青	0.28	0.71	0.07	0.003 5
	野鸦椿	0.28	0.71	0.02	0.003 4
	金珠柳	0.28	0.71	0.01	0.003 3
	化香树	0.28	0.71	0.01	0.003 3
	南酸枣	0.19	0.71	0.06	0.003 2
	黄杞	0.19	0.71	0.04	0.003 1

续表

层次	物种	相对密度/%	相对频度/%	相对优势度/%	重要值
乔木层	粗叶木	0.19	0.71	0.01	0.003 0
	中华野独活	0.19	0.71	0.01	0.003 0
	陀螺果	0.37	0.35	0.16	0.003 0
	槭	0.28	0.35	0.02	0.002 2
	芭蕉	0.09	0.35	0.11	0.001 9
	细枝柃	0.09	0.35	0.01	0.001 5
	山油麻	0.09	0.35	0.01	0.001 5
	黄毛楤木	0.09	0.35	0.01	0.001 5
	盐麸木	0.09	0.35	0.00	0.001 5
	糙叶榕	0.09	0.35	0.00	0.001 5
	粗糠柴	0.09	0.35	0.00	0.001 5
灌木层	桫椤	47.58	42.05	91.07	0.602 3
	禾串树	8.87	9.09	4.15	0.073 7
	罗伞	9.68	11.36	0.88	0.073 1
	毛桐	4.84	6.82	0.45	0.040 4
	金珠柳	5.65	4.55	0.32	0.035 0
	杜茎山	4.84	4.55	0.46	0.032 8
	粗叶木	3.23	3.41	0.48	0.023 7
	毛竹	2.42	3.41	0.41	0.020 8
	赤杨叶	3.23	2.27	0.26	0.019 2
	大青	1.61	1.14	0.55	0.011 0
	楤木	0.81	1.14	0.23	0.007 3
	青藤公	0.81	1.14	0.22	0.007 2
	穗序鹅掌柴	0.81	1.14	0.13	0.006 9
	茶	0.81	1.14	0.12	0.006 9
	茜树	0.81	1.14	0.05	0.006 6
	光亮山矾	0.81	1.14	0.05	0.006 6
	马桑绣球	0.81	1.14	0.04	0.006 6
	冬青	0.81	1.14	0.03	0.006 6
	中华野独活	0.81	1.14	0.03	0.006 6
	细枝柃	0.81	1.14	0.03	0.006 6

续表

层次	物种	相对密度/%	相对频度/%	相对优势度/%	重要值
草本层	棕叶狗尾草	10.34	—	19.98	0.151 6
	翠云草	11.21	—	13.28	0.122 5
	红盖鳞毛蕨	12.07	—	9.03	0.105 5
	山姜	6.90	—	12.27	0.095 8
	毛柄短肠蕨	7.76	—	11.04	0.094 0
	福建观音座莲	3.45	—	5.78	0.046 2
	莠竹	6.03	—	2.37	0.042 0
	三羽新月蕨	6.03	—	2.33	0.041 8
	短芒薹草	3.45	—	3.15	0.033 0
	卷柏	3.45	—	2.63	0.030 4
	西南悬钩子	2.59	—	2.80	0.027 0
	车前	3.45	—	1.58	0.025 1
	毛轴假蹄盖蕨	2.59	—	2.28	0.024 3
	赤车	2.59	—	1.58	0.020 8
	大叶仙茅	1.72	—	1.40	0.015 6
	头花蓼	2.59	—	0.35	0.014 7
	穿鞘花	0.86	—	1.75	0.013 1
	求米草	0.86	—	1.75	0.013 1
	水麻	1.72	—	0.70	0.012 1
	肉穗草	1.72	—	0.37	0.010 5
	黄花酢浆草	1.72	—	0.35	0.010 4
	沿阶草	0.86	—	1.05	0.009 6
	稀羽鳞毛蕨	0.86	—	0.88	0.008 7
	落地梅	0.86	—	0.53	0.006 9
	麦冬	0.86	—	0.21	0.005 4
	淡竹叶	0.86	—	0.18	0.005 2
	广藿香	0.86	—	0.18	0.005 2
	小蓬草	0.86	—	0.18	0.005 2
	积雪草	0.86	—	0.04	0.004 5

7.2.2 桫椤种群空间分布位置

对3条毛竹入侵固定监测样带不同样方中的桫椤数量进行分析(图7-2)。总体来看,沿着桫椤群落——毛竹-桫椤群落——毛竹群落,随着毛竹入侵逐渐加剧,桫椤的植株数量越来越少。其中,这种现象在MZA样带中表现尤为明显,这可能是因为MZA样带紧邻河道且坡度大,样带的海拔差异较大,由此引起较大的环境差异,而毛竹群落的环境并不适宜桫椤生长,因此,在生物因子和非生物因子的双重影响下,桫椤种群分布表现出明显的变化趋势。由此可知,毛竹对桫椤种群及其生境具有较大影响,在保护桫椤及其生境时,需对毛竹的生长繁殖采取一定的限制措施。

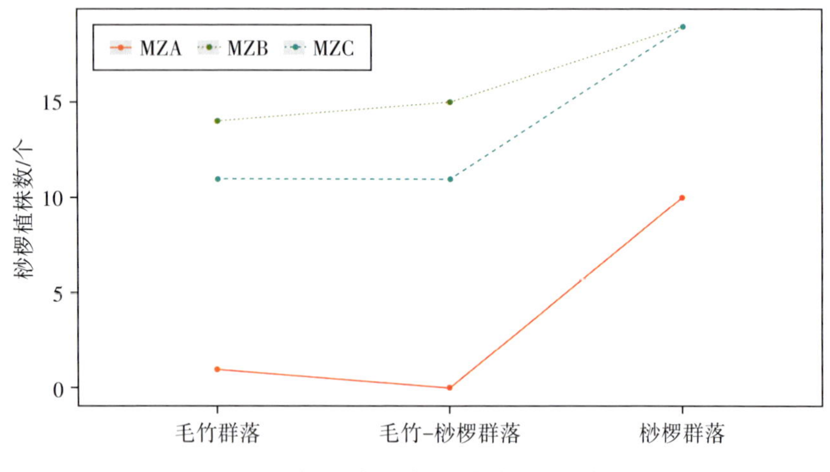

图7-2 毛竹入侵固定监测样带的桫椤数量

根据对桫椤幼株($H \leqslant 2$ m)和成熟个体($H > 2$ m)在样带中空间分布位置的分析(图7-3),发现在MZA样带中桫椤的分布与环境强烈相关,桫椤几乎都分布于河道旁,除此之外仅在毛竹群落中有一株幼株存在。在MZB样带中,桫椤分布广泛且相对均匀,就成熟个体来说,其植株数量表现为桫椤群落>毛竹-桫椤群落>毛竹群落,但其幼株的数量却恰恰相反。这种现象可能是由于桫椤与毛竹竞争时,桫椤植株的高度相对较低,并未达到毛竹冠层高度,因此桫椤在进行繁殖时,其种子掉落及萌发过程并未受到毛竹的影响或受到的影响较小,但随着桫椤植株的生长,其对养分及光照的需求越来越高,这个过程中,桫椤植株极易受毛竹影响,甚至可能死亡。由于MZC样带是沿河道设置的,毛竹几乎已分布于所有样方,因此样方中的毛竹数量并未表现出明显的变化趋势,在毛竹的影响下,桫椤在样带中的分布也相对均匀。

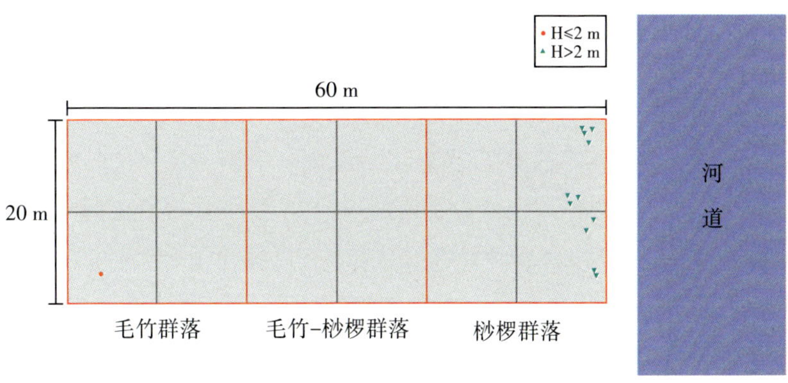

(a)MZA样带

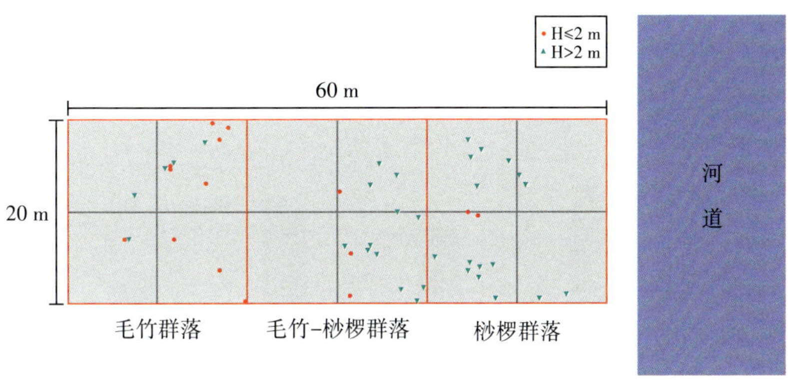

(b)MZB样带

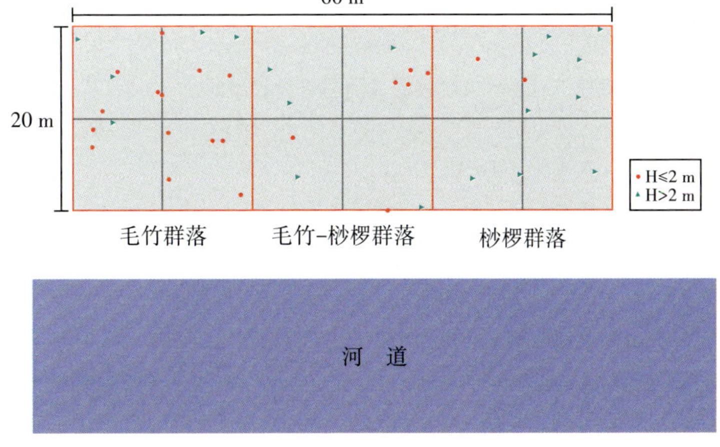

(c)MZC样带

图7-3　毛竹入侵固定监测样带中桫椤的分布

7.2.3 毛竹入侵对桫椤影响的对比分析

如图7-4所示,2015年毛竹入侵固定监测样带中的伴生维管植物共122种,2016年共105种,2017年共118种,2023年共80种。对比这4年的植物类群数量特征可知,桫椤群落植物物种数先减少后增加再减少,物种多样性先降低后升高再降低,受群落内的毛竹影响,物种多样性变化较大,且相较于2015—2017年,2023年调查结果显示群落中的慈竹数量在不断增加。2023年调查结果还显示,桫椤群落中毛竹的重要值非常高,达70.67%,毛竹的优势地位非常明显,严重影响到群落的物种多样性,降低了群落的物种数量。同时,人为干扰也可能降低了群落的物种多样性。因此,针对现状,在保护桫椤种群时,要做到合理开发利用资源,不仅要保护桫椤植株,更要保护其生境,优化景区旅游管理制度,严格控制人为活动,减少干扰,加强科学监测研究。

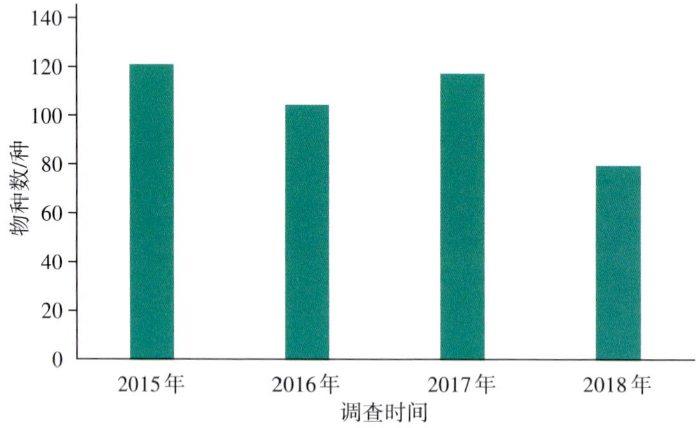

图7-4 毛竹入侵固定监测样带物种数对比

第八章
主要结论与保护管理建议

8.1 主要结论

本期植物多样性监测共记录植物84科153属234种。其中，蕨类植物11科15属20种，裸子植物2科2属2种，被子植物72科135属212种。监测区域内植物物种组成相对丰富，以被子植物为主，蕨类植物其次，裸子植物种类较少（主要发现了马尾松和杉木两种）。相对于一期调查，本期调查并未发现新的保护物种。本期调查可以为保护区后续的植物多样性监测及本底调查提供一定的参考。

8.1.1 典型植物群落多样性动态变化

结合森林大样地及典型植被固定监测样地调查统计分析，本次监测金沙大样地共记录植物46科64属87种，其中，蕨类植物8科8属8种，被子植物38科56属79种；元厚大样地共记录植物59科98属140种，其中，蕨类植物3科3属3种，裸子植物2科2属2种，被子植物54科93属135种。桫椤等蕨类植物主要分布于低海拔的沟谷溪流附近，裸子植物马尾松和杉木主要分布于海拔较高的山坡区域，山地中部由成片的毛竹林形成过渡区域。两期植被调查的样地中仅菊科的小蓬草为入侵物种。近年来，样地内未新增入侵物种。

分析金沙大样地类似热带雨林的常绿阔叶林群落和元厚大样地亚热带常绿阔叶林群落的外貌和垂直结构发现，两个群落在外貌上有明显的区别。金沙大样地群落外貌表现为浅绿色，其中夹杂着一些由叶色较深的乔木树种形成的深绿色斑块，树冠形状单一，群落外貌的季相变化不显著。元厚大样地群落外貌表现为深绿色，其中夹杂着一些由叶色变化较大的乔木树种形成的浅黄色斑块，树冠形状不规则，群落外貌的季相变化局部显著。

两个群落从外貌上可以区分,主要与两个大样地群落中的建群种有关,金沙大样地群落以芭蕉等物种为主,元厚大样地群落以赤杨叶、楝木、四川大头茶、杉木等物种为主。按重要值排名,金沙大样地群落的5个主要优势种依次为芭蕉、粗糠柴、川钓樟、罗伞、茜树,元厚大样地群落的5个主要优势种依次为赤杨叶、楝木、四川大头茶、杉木、亮叶桦。金沙大样地中,群落幼树储备丰富,有利于种群的更新壮大。元厚大样地群落中,亮叶桦的幼树储备量极少,不利于种群增长;楝木与四川大头茶均表现为较标准的金字塔形,但成熟个体(DBH≥10 cm)数量远低于幼小个体,在这个过程中种群个体死亡率较高,另外两个物种各径级个体数量分布相对更合理;总体来说,除亮叶桦种群外,其余优势种种群有继续增大的态势。2023年金沙大样地与元厚大样地胸径大于1 cm的木本植物总生物量相对于2015—2017年有一定的增加。

典型植被固定监测样地作为对保护区植被类型监测的补充,具有重要意义。毛竹林群落结构单一,物种多样性低,桫椤退出乔木层,乔木层中除禾本科植物(毛竹、慈竹)外无其他物种;桫椤幼株为灌木层中的优势种;阔叶树种及草本植物数量大大减少,这足以说明毛竹入侵对群落物种多样性及重点保护物种桫椤的影响较大,对毛竹的生长扩散采取一定限制措施迫在眉睫。桫椤、芭蕉、罗伞等为南亚热带雨林中林下层的重要组成部分,对维持桫椤生境具有重要意义。竹叶榕灌草丛受环境影响较大。枫香树-四川大头茶混交林为常绿阔叶林遭到干扰或破坏之后形成的次生林,对群落演替具有重要意义。马尾松林作为一种先锋植物群落,随着时间的推移,此群落可能被阔叶林群落替代。亮叶桦常常会在自然生境受到破坏之后迅速生长起来,随后逐渐被常绿落叶阔叶林取代,因此群落处于演替过渡阶段。润楠-楠木混交林所处位置较为偏远,受人为干扰小,群落层次结构清晰,物种多样性较高。栲的适应性较强,栲林群落的物种种类十分丰富,群落结构复杂。

调查发现保护区内植物物种多样性受群落类型影响而具有较大差异,其中,位于山地中上坡的枫香树-四川大头茶混交林群落植物多样性最高,其次是位于山地中上坡的润楠-楠木混交林群落,毛竹林群落物种组成最为单一,植物物种多样性最低,物种丰富度最小。对比分析2023年与2015—2017年植物调查结果发现,毛竹林群落的物种多样性下降程度最为严重。毛竹作为当地的经济作物,繁殖快速,保护区内的中部沟谷与山坡过渡区域均形成了成片的毛竹林,抑制了其他重点保护植物如桫椤的生长,严重影响了群落中植物物种的多样性。因此,这些区域需严格管控,以防止毛竹持续蔓延至其他区域,造成植物多样性继续下降。枫香树-四川大头茶混交林样地在两期调查之间发生了一次塌方，除部分物种的较大个体仍然存在外，群落中植株以幼小及中等个体为主，样方垂直结构层次清晰，物种多样性较高，这说明适当的干扰可以促进群落物种多样性提升。

保护区植物物种丰富，群落类型多样，特征明显，各群落物种组成随环境因子而发生适应性变化。其中，海拔是影响群落分布的主要因素，在较低海拔的沟谷区域形成以芭蕉为代表的南亚热带层片，是桫椤种群的主要生境，该区域群落优势种突出，物种组成和群落结构单一，群落稳定性低，易受人类活动干扰。根据本期监测研究，建议对保护区内不同的群落类型采取不同的保护措施，以桫椤等易受人为干扰的群落生境为主，着重保护，协同治理，适当调整旅游开发区域，减轻人类活动对桫椤群落生境的破坏，保护林区生物多样性同时，促进桫椤种群持续向好发展。

8.1.2 重要物种动态变化

分析2023年桫椤固定监测样地及小黄花茶固定监测样带的调查结果发现，植物群落经过6年发展，毛竹入侵严重，所有样地（样带）均被毛竹、慈竹等禾本科植物入侵，由原有的桫椤或小黄花茶群落变化为毛竹-桫椤群落或毛竹-小黄花茶群落，样地（样带）中的重点保护物种桫椤及小黄花茶个体生长受到较大影响。

桫椤伴生种由2015年的122种下降至2023年的47种，3个固定监测样地中毛竹均占据主要优势地位。与2015—2017年调查结果一致，2023年固定监测样地表现为高位芽植物物种占比最大，整体趋势未发生较大变化。矮高位芽植物物种在调查期间占比逐渐降低，但地上芽、地面芽、地下芽和一年生植物物种占比有所上升或稍有减少，说明在毛竹入侵的过程中，相对于高位芽植物来说，其他生活型物种受到的影响相对较小。

小黄花茶固定监测样带中，除1号样带外，其他样带均为毛竹的重要值最高。与2015—2017年调查结果对比，2023年小黄花茶在乔木层的重要值有所下降，但小黄花茶在灌木层中均表现出较高重要值。小黄花茶种群幼苗个体数量占比明显增多，这种较高的幼苗储存量对小黄花茶种群增长有着正向作用，但小黄花茶种群中树高大于等于3 m的个体数量有所减少，在其他物种的影响下，小黄花茶从灌木层进入乔木层的过程较为困难。在这个阶段，小黄花茶种群的竞争压力较大，可以采取一定的保护措施或进行适当清理（限制毛竹生长），以增加小黄花茶的存活率。

8.1.3 毛竹入侵对桫椤种群的影响

贵州赤水桫椤国家级自然保护区内的生态旅游发展,推动了保护区的宣传工作,加深了公众对保护区的认识,也对地方旅游发展起到了良好的促进作用。保护区内竹林的人工抚育,不仅促进了竹类加工等相关产业的发展,带动了地方经济,改善了当地居民的生活水平,而且对促进当地经济发展和社会稳定有着重要意义,但这也给保护区内桫椤的生长及其生境带来潜在的威胁。

竹林的人工抚育和毛竹、慈竹自身的快速繁殖,严重影响了桫椤群落的物种丰富度和原生环境。毛竹等禾本科植物错综复杂的根系使其在争夺土壤资源方面竞争力较强,同时其植株密度带来的高郁闭度会对林下植株的生长产生较大影响。毛竹对土壤中营养物质及阳光的争夺导致桫椤种子萌发及个体生长受限,在毛竹入侵严重的区域,桫椤成熟个体较少。

8.2 保护管理建议

针对保护区内生物及其生境现状,为加强生物多样性保护,掌握多样性变化与保护成效,促进保护区及其所在区域的可持续发展,建议采取如下措施:

(1)强化主要保护对象的识别、调查与监测。

虽然桫椤、小黄花茶等物种及典型生态系统得到了切实的保护,但仍需要进一步加强保护区的本底调查,深度识别、调查重点保护对象及其共生保护对象,构建科学合理的保护成效评估指标体系,并结合各项指标进行长期监测,以掌握保护区内重点保护对象的动态变化。

(2)加强珍稀濒危野生植物培育繁殖研究及其生境保护。

基于毛竹入侵对桫椤、小黄花茶等重点保护物种的影响不断增大,建议加强对珍稀濒危野生植物培育繁殖的研究,可进行人工培育,并尝试野外回归。调查研究珍稀濒危野生植物的生境特点,加强生境保护;加强建设珍稀濒危野生植物保护站,持续巡护监测,最大程度保护桫椤、小黄花茶等珍稀濒危野生植物。

(3)加强对生物多样性变化与保护成效的研究。

深入开展生物多样性、珍稀濒危物种、典型生态系统及特殊生境的变化与保护成效研究,加大科研设施和高新技术的投入,在监测的同时开展深度科研,识别关键因素，进行生物多样性变化及保护成效研究，并针对关键因素深入推进保护工作。

（4）探究管理措施与保护成效的关联机制。

逐步建立保护区管理措施的指标库，公开保护区在治理体系、规划设计和成效评价等方面的信息，探究管理措施与保护成效的关联机制。同时，将保护区与所在区域的可持续发展结合起来，进一步探究如何在提升或维持保护区保护成效的前提下，促进保护区内及周边区域人地和谐的可持续发展。

（5）加强保护区工作人员的学习和培训。

定期对保护区工作人员的自然保护理念和专业技术技能进行培训，组织工作人员参加国内外有关自然保护和生态环境保护等方面的学术交流，让他们学习先进的管理理念和保护经验，建立科学先进的管理和保护知识体系，提升业务能力。

（6）促进社区发展，提升保护意识，加强执法力度。

在发展生态旅游、促进社区发展的基础上，制定严格的管理制度和详尽的保护措施，加强生态保护的宣传和执法力度，坚决制止破坏生态环境和生物多样性的不良行为。加强保护区内的巡视工作，针对私自砍伐林木、采摘野生植物、破坏植物生境等行为，应进行重点专项打击。

附录

附录一　保护区主要植物名录

蕨类植物

科	属	中文名	学名
金星蕨科	毛蕨属	宽羽毛蕨	*Cyclosorus latipinnus* (Benth.) Tardieu
里白科	里白属	中华里白	*Diplopterygium chinense* (Rosenst.) De Vol
	芒萁属	芒萁	*Dicranopteris pedata* (Houtt.) Nakaike
桫椤科	桫椤属	桫椤	*Alsophila spinulosa* (Wall. ex Hook.) R. M. Tryon
蹄盖蕨科	双盖蕨属	边生短肠蕨	*Diplazium conterminum* Christ
铁角蕨科	铁角蕨属	半边铁角蕨	*Asplenium unilaterale* Lam.
碗蕨科	鳞盖蕨属	边缘鳞盖蕨	*Microlepia marginata* (Houtt.) C. Chr.
	鳞盖蕨属	西南鳞盖蕨	*Microlepia khasiyana* (Hook.) C. Presl
乌毛蕨科	狗脊属	狗脊	*Woodwardia japonica* (L. f.) Sm.
鳞毛蕨科	复叶耳蕨属	中华复叶耳蕨	*Arachniodes chinensis* (Rosenst.) Ching
	鳞毛蕨属	红盖鳞毛蕨	*Dryopteris erythrosora* (D. C. Eaton) Kuntze
	实蕨属	长叶实蕨	*Bolbitis heteroclita* (C. Presl) Ching
鳞始蕨科	乌蕨属	乌蕨	*Odontosoria chinensis* J. Sm.
水龙骨科	薄唇蕨属	线蕨	*Leptochilus ellipticus* (Thunb.) Noot.
	棱脉蕨属	友水龙骨	*Goniophlebium amoenum* (Wall. ex Mett.) Bedd.
合囊蕨科	观音座莲属	福建观音座莲	*Angiopteris fokiensis* Hieron.

裸子植物

科	属	中文名	学名
松科	松属	马尾松	*Pinus massoniana* Lamb.
柏科	杉木属	杉木	*Cunninghamia lanceolata* (Lamb.) Hook.

被子植物

科	属	中文名	学名
安息香科	赤杨叶属	赤杨叶	*Alniphyllum fortunei*（Hemsl.）Makino
	陀螺果属	陀螺果	*Melliodendron xylocarpum* Hand.-Mazz.
芭蕉科	芭蕉属	芭蕉	*Musa basjoo* Siebold & Zucc. ex Iinuma
菝葜科	菝葜属	菝葜	*Smilax china* L.
报春花科	杜茎山属	杜茎山	*Maesa japonica*（Thunb.）Moritzi
		金珠柳	*Maesa montana* A. DC.
	珍珠菜属	落地梅	*Lysimachia paridiformis* Franch.
茶茱萸科	假柴龙树属	马比木	*Nothapodytes pittosporoides*（Oliv.）Sleumer
唇形科	大青属	大青	*Clerodendrum cyrtophyllum* Turcz.
大戟科	乌桕属	山乌桕	*Triadica cochinchinensis* Lour.
	野桐属	粗糠柴	*Mallotus philippensis*（Lamarck）Müll. Arg.
		毛桐	*Mallotus barbatus*（Wall. ex Baill.）Müll. Arg.
		石岩枫	*Mallotus repandus*（Willd.）Müll. Arg.
	油桐属	油桐	*Vernicia fordii*（Hemsl.）Airy Shaw
大麻科	山黄麻属	异色山黄麻	*Trema orientalis*（L.）Blume
冬青科	冬青属	刺叶冬青	*Ilex bioritsensis* Hayata
		冬青	*Ilex chinensis* Sims
		狭叶冬青	*Ilex fargesii* Franch.
豆科	鸡血藤属	灰毛鸡血藤	*Callerya cinerea*（Benth.）Schot
	鱼藤属	厚果鱼藤	*Derris taiwaniana*（Hayata）Z. Q. Song
	合欢属	合欢	*Albizia julibrissin* Durazz.
	黄檀属	黄檀	*Dalbergia hupeana* Hance
	南天藤属	南天藤	*Ticanto crista*（L.）R.Clark & Gagnon
	紫荆属	紫荆	*Cercis chinensis* Bunge
杜鹃花科	白珠属	滇白珠	*Gaultheria leucocarpa* var. *yunnanensis*（Franch.）T. Z. Hsu & R. C. Fang

续表

科	属	中文名	学名
杜鹃花科	杜鹃花属	杜鹃	*Rhododendron simsii* Planch.
		毛叶杜鹃	*Rhododendron radendum* Fang
	树萝卜属	灯笼花	*Agapetes lacei* Craib
杜英科	杜英属	日本杜英	*Elaeocarpus japonicus* Siebold & Zucc.
	猴欢喜属	猴欢喜	*Sloanea sinensis* (Hance) Hemsl.
番荔枝科	野独活属	中华野独活	*Miliusa sinensis* Finet & Gagnep.
海桐科	海桐属	海桐	*Pittosporum tobira* (Thunb.) W. T. Aiton
		崖花子	*Pittosporum truncatum* Pritz.
禾本科	刚竹属	毛竹	*Phyllostachys edulis* (Carrière) J. Houz.
		刚竹	*Phyllostachys sulphurea* var. *viridis* R. A. Young
	簕竹属	慈竹	*Bambusa emeiensis* L. C. Chia & H. L. Fung
	淡竹叶属	淡竹叶	*Lophatherum gracile* Brongn.
	金须茅属	竹节草	*Chrysopogon aciculatus* (Retz.) Trin.
	求米草属	求米草	*Oplismenus undulatifolius* (Ard.) Roemer & Schuit.
胡桃科	化香树属	化香树	*Platycarya strobilacea* Siebold & Zucc.
	胡桃属	胡桃	*Juglans regia* L.
	黄杞属	黄杞	*Engelhardia roxburghiana* Wall.
虎皮楠科	虎皮楠属	虎皮楠	*Daphniphyllum oldhamii* (Hemsl.) K. Rosenth.
桦木科	鹅耳枥属	鹅耳枥	*Carpinus turczaninovii* Hance
		云贵鹅耳枥	*Carpinus pubescens* Burkill
	桦木属	亮叶桦	*Betula luminifera* H. J. P. Winkl.
		白桦	*Betula platyphylla* Sukaczev
	桤木属	桤木	*Alnus cremastogyne* Burkill
夹竹桃科	醉魂藤属	醉魂藤	*Heterostemma alatum* Wight
姜科	山姜属	山姜	*Alpinia japonica* (Thunb.) Miq.
桔梗科	半边莲属	铜锤玉带草	*Lobelia nummularia* Lam.

续表

科	属	中文名	学名
菊科	紫菀属	三脉紫菀	*Aster ageratoides* Turcz.
卷柏科	卷柏属	翠云草	*Selaginella uncinata* (Desv.) Spring
		江南卷柏	*Selaginella moellendorffii* Hieron.
		薄叶卷柏	*Selaginella delicatula* (Desv.) Alston
爵床科	观音草属	观音草	*Peristrophe bivalvis* (L.) Merr.
	马蓝属	板蓝	*Strobilanthes cusia* (Nees) Kuntze
		薄叶马蓝	*Strobilanthes labordei* H. Lév.
壳斗科	栎属	白栎	*Quercus fabri* Hance
		麻栎	*Quercus acutissima* Carruth.
		高山栎	*Quercus semecarpifolia* Sm.
	栗属	栗	*Castanea mollissima* Blume
	锥属	栲	*Castanopsis fargesii* Franch.
		短刺米槠	*Castanopsis carlesii* var. *spinulosa* W. C. Cheng & C. S. Chao
苦苣苔科	线柱苣苔属	椭圆线柱苣苔	*Rhynchotechum ellipticum* (Wall. ex D. Dietr.) A. DC.
苦木科	臭椿属	臭椿	*Ailanthus altissima* (Mill.) Swingle
	苦木属	苦木	*Picrasma quassioides* (D. Don) Benn.
蓝果树科	蓝果树属	蓝果树	*Nyssa sinensis* Oliver
楝科	楝属	楝	*Melia azedarach* L.
马齿苋科	马齿苋属	马齿苋	*Portulaca oleracea* L.
毛茛科	铁线莲属	小木通	*Clematis armandi* Franch.
猕猴桃科	水东哥属	尼泊尔水东哥	*Saurauia napaulensis* DC.
木樨科	女贞属	女贞	*Ligustrum lucidum* W. T. Aiton
桤叶树科	桤叶树属	城口桤叶树	*Clethra fargesii* Franch.
漆树科	盐麸木属	盐麸木	*Rhus chinensis* Mill.
	南酸枣属	南酸枣	*Choerospondias axillaris* (Roxb.) B. L. Burtt & A. W. Hill

续表

科	属	中文名	学名
漆树科	南酸枣属	毛脉南酸枣	*Choerospondias axillaris* var. *Pubinervis* (Rehder & E. H. Wilson) B. L. Burtt & A. W. Hill
	漆树属	漆	*Toxicodendron vernicifluum* (Stokes) F. A. Barkley
茜草科	粗叶木属	粗叶木	*Lasianthus chinensis* (Champ. ex Benth.) Benth.
	茜树属	茜树	*Aidia cochinchinensis* Lour.
	蛇根草属	蛇根草	*Ophiorrhiza mungos* L.
	玉叶金花属	玉叶金花	*Mussaenda pubescens* W. T. Aiton
蔷薇科	红果树属	绒毛红果树	*Stranvaesia tomentosa* T. T. Yu & T. C. Ku
	李属	尾叶樱桃	*Prunus dielsiana* C. K. Schneid.
	枇杷属	大花枇杷	*Eriobotrya cavaleriei* (H. Lév.) Rehder
	石楠属	石楠	*Photinia serratifolia* (Desf.) Kalkman
	臀果木属	臀果木	*Pygeum topengii* Merr.
秋海棠科	秋海棠属	裂叶秋海棠	*Begonia palmata* D. Don
		秋海棠	*Begonia grandis* Dryand.
三白草科	蕺菜属	蕺菜	*Houttuynia cordata* Thunb.
桑科	橙桑属	构棘	*Maclura cochinchinensis* (Lour.) Corner
	榕属	菱叶冠毛榕	*Ficus gasparriniana* var. *laceratifolia* (H. Lév. & Vaniot) Corner
		糙叶榕	*Ficus irisana* Elmer
		大果榕	*Ficus auriculata* Lour.
		尖叶榕	*Ficus henryi* Warb. ex Diels
		异叶榕	*Ficus heteromorpha* Hemsl.
		粗叶榕	*Ficus hirta* Vahl
		冠毛榕	*Ficus gasparriniana* Miq.
		黄果榕	*Ficus benguetensis* Merr.
		青藤公	*Ficus langkokensis* Drake
莎草科	薹草属	短芒薹草	*Carex breviaristata* K. T. Fu

续表

科	属	中文名	学名
山茶科	大头茶属	四川大头茶	*Polyspora speciosa* (Kochs) Bartholo & T. L. Ming
		大头茶	*Polyspora axillaris* (Roxb. ex Ker Gawl.) Sweet
	木荷属	木荷	*Schima superba* Gardner & Champ.
	山茶属	小黄花茶	*Camellia luteoflora* Y. K. Li ex Hung T. Chang & F. A. Zeng
		油茶	*Camellia oleifera* Abel
		贵州连蕊茶	*Camellia costei* H. Lév.
		尖连蕊茶	*Camellia cuspidata* (Kochs) H. J. Veitch Gard. Chron.
		山茶	*Camellia japonica* L.
		小叶短柱茶	*Camellia grijsii* var. *Shensiensis* (Hung T. Chang) Ming
山矾科	山矾属	光叶山矾	*Symplocos lancifolia* Siebold & Zucc.
		黄牛奶树	*Symplocos theophrastifolia* Siebold & Zucc.
		山矾	*Symplocos sumuntia* Buch.-Ham. ex D. Don
		光亮山矾	*Symplocos lucida* (Thunb.) Siebold & Zucc.
		微毛山矾	*Symplocos wikstroemiifolia* Hayata
		老鼠屎	*Symplocos stellaris* Brand
山茱萸科	山茱萸属	灯台树	*Cornus controversa* Hemsl.
		梾木	*Cornus macrophylla* Wall.
省沽油科	野鸦椿属	野鸦椿	*Euscaphis japonica* (Thunb. ex Roem. & Schult.) Kanitz
柿科	柿属	罗浮柿	*Diospyros morrisiana* Hance
		柿	*Diospyros kaki* Thunb.
鼠刺科	鼠刺属	鼠刺	*Itea chinensis* Hook. & Arn.
鼠李科	鼠李属	鼠李	*Rhamnus davurica* Pall.
		贵州鼠李	*Rhamnus esquirolii* auct. non H. Lév. : T. Y. Chou
天门冬科	山麦冬属	短莛山麦冬	*Liriope muscari* (Decne.) L. H. Bailey
	沿阶草属	沿阶草	*Ophiopogon bodinieri* H. Lév.

续表

科	属	中文名	学名
无患子科	栾属	栾	*Koelreuteria paniculata* Laxm.
	槭属	光叶槭	*Acer laevigatum* Wall.
		罗浮槭	*Acer fabri* Hance
		三角槭	*Acer buergerianum* Miq.
荚蒾科	荚蒾属	短序荚蒾	*Viburnum brachybotryum* Hemsl.
		荚蒾	*Viburnum dilatatum* Thunb.
五加科	五加属	白簕	*Eleutherococcus trifoliatus* (L.) S. Y. Hu
	楤木属	楤木	*Aralia elata* (Miq.) Seem.
	鹅掌柴属	穗序鹅掌柴	*Heptapleurum delavayi* Franch.
		星毛鸭脚木	*Heptapleurum minutistellatum* (Merr. ex H. L. Li) Y. F. Deng
	罗伞属	罗伞	*Brassaiopsis glomerulata* (Blume) Regel
五列木科	柃属	贵州毛柃	*Eurya kueichowensis* Hu & L. K. Ling ex P. T. Li
		细枝柃	*Eurya loquaiana* Dunn
		钝叶柃	*Eurya obtusifolia* Hung T. Chang
		岗柃	*Eurya groffii* Merr.
		柃木	*Eurya japonica* Thunb.
	杨桐属	川杨桐	*Adinandra bockiana* Pritz. ex Diels
仙茅科	仙茅属	大叶仙茅	*Curculigo capitulata* (Lour.) Kuntze
绣球科	绣球属	绣球	*Hydrangea macrophylla* (Thunb.) Ser.
		挂苦绣球	*Hydrangea xanthoneura* Diels
荨麻科	冷水花属	冷水花	*Pilea notata* C. H. Wright
	楼梯草属	楼梯草	*Elatostema involucratum* Franch. & Sav.
	水麻属	水麻	*Debregeasia orientalis* C. J. Chen
		长叶水麻	*Debregeasia longifolia* (Burm. F.) Wedd.
	雾水葛属	雾水葛	*Pouzolzia zeylanica* (L.) Benn. & R. Br.

续表

科	属	中文名	学名
荨麻科	雾水葛属	红雾水葛	*Pouzolzia sanguinea* (Blume) Merr.
蕈树科	枫香树属	枫香树	*Liquidambar formosana* Hance
鸭跖草科	鸭跖草属	鸭跖草	*Commelina communis* L.
杨柳科	脚骨脆属	爪哇脚骨脆	*Casearia velutina* Blume
野牡丹科	野牡丹属	印度野牡丹	*Melastoma malabathricum* L.
叶下珠科	算盘子属	里白算盘子	*Glochidion triandrum* (Blanco) C. B. Rob.
	土蜜树属	禾串树	*Bridelia balansae* Tutcher
	五月茶属	五月茶	*Antidesma bunius* (L.) Spreng.
芸香科	吴茱萸属	吴茱萸	*Tetradium ruticarpum* (A. Juss.) T. G. Hartley
樟科	厚壳桂属	岩生厚壳桂	*Cryptocarya calcicola* H. W. Li
	黄肉楠属	红果黄肉楠	*Actinodaphne cupularis* (Hemsl.) Gamble
	木姜子属	近轮叶木姜子	*Litsea elongata var. subverticillata* (Yen C. Yang) Yen C. Yang & P. H. Huang
		木姜子	*Litsea pungens* Hemsl.
		毛叶木姜子	*Litsea mollis* Hemsl.
		绒叶木姜子	*Litsea wilsonii* Gamble
	楠属	峨眉楠	*Phoebe sheareri var. omeiensis* (Yen C. Yang) N. Chao
		紫楠	*Phoebe sheareri* (Hemsl.) Gamble
		楠木	*Phoebe zhennan* S. K. Lee & F. N. Wei
		光枝楠	*Phoebe neuranthoides* S. K. Lee & F. N. Wei
	琼楠属	贵州琼楠	*Beilschmiedia kweichowensis* W. C. Cheng
	润楠属	薄叶润楠	*Machilus leptophylla* Hand.-Mazz.
		润楠	*Machilus nanmu* (Oliv.) Hemsl.
	山胡椒属	川钓樟	*Lindera pulcherrima var. hemsleyana* (Diels) H. P. Tsui
		广东山胡椒	*Lindera kwangtungensis* (H. Liu) C. K. Allen
		黑壳楠	*Lindera megaphylla* Hemsl.

续表

科	属	中文名	学名
樟科	山胡椒属	绒毛山胡椒	*Lindera nacusua* (D. Don) Merr.
		香叶树	*Lindera communis* Hemsl
		山胡椒	*Lindera glauca* (Siebold & Zucc.) Blume
	樟属	樟	*Camphora officinarum* Nees
	桂属	川桂	*Cinnamomum wilsonii* Gamble
紫葳科	木蝴蝶属	木蝴蝶	*Oroxylum indicum* (L.) Kurz
棕榈科	棕榈属	棕榈	*Trachycarpus fortunei* (Hook.) H. Wendl.

附录二　本期监测样地国家重点保护野生植物名录

序号	科	属	中文名	学名	保护等级
1	桫椤科	桫椤属	桫椤	*Alsophila spinulosa* (Wall. ex Hook.) R. M. Tryon	二级
2	樟科	润楠属	润楠	*Machilus nanmu* (Oliv.) Hemsl.	二级
3		楠属	楠木	*Phoebe zhennan* S. K. Lee & F. N. Wei	二级
4	合囊蕨科	观音座莲属	福建观音座莲	*Angiopteris fokiensis* Hieron.	二级

附录三　本期监测样地中国特有植物名录

序号	科	属	中文名	学名	特有分布
1	松科	松属	马尾松	*Pinus massoniana* Lamb.	中国特有
2	樟科	樟属	樟	*Camphora officinarum* Nees	中国特有
3		桂属	川桂	*Cinnamomum wilsonii* Gamble	中国特有
4		厚壳桂属	岩生厚壳桂	*Cryptocarya calcicola* H. W. Li	中国特有
5		山胡椒属	川钓樟	*Lindera pulcherrima* var. *hemsleyana* (Diels) H. P. Tsui	中国特有
6		木姜子属	毛叶木姜子	*Litsea mollis* Hemsl.	中国特有

续表

序号	科	属	中文名	学名	特有分布
7	樟科	木姜子属	绒叶木姜子	*L. wilsonii* Gamble	中国特有
8		润楠属	润楠	*Machilus nanmu* (Oliv.) Hemsl.	中国特有
9			薄叶润楠	*M. leptophylla* Hand.-Mazz.	中国特有
10		楠属	光枝楠	*P. neuranthoides* S. K. Lee & F. N. Wei	中国特有
11	桑科	榕属	菱叶冠毛榕	*Ficus gasparriniana* var. *laceratifolia* (H. Lév. & Vaniot) Corner	中国特有
12	壳斗科	锥属	短刺米槠	*Castanopsis carlesii* var. *spinulosa* W. C. Cheng & C. S. Chao	中国特有
13	桦木科	桦木属	亮叶桦	*Betula luminifera* H. J. P. Winkl.	中国特有
14	山茶科	山茶属	小黄花茶	*Camellia luteoflora* Y. K. Li ex Hung T. Chang & F. A. Zeng	赤水特有
15	杜鹃花科	杜鹃花属	杜鹃	*Rhododendron simsii* Planch.	中国特有
16	海桐科	海桐属	崖花子	*Pittosporum truncatum* Pritz.	中国特有
17	绣球科	绣球属	挂苦绣球	*Hydrangea xanthoneura* Diels	中国特有
18	蔷薇科	臀果木属	臀果木	*Pygeum topengii* Merr.	中国特有
19	茶茱萸科	假柴龙树属	马比木	*Nothapodytes pittosporoides* (Oliv.) Sleumer	中国特有
20	鼠李科	鼠李属	贵州鼠李	*Rhamnus esquirolii* auct. non H. Lév. : T. Y. Chou	中国特有
21	苦木科	臭椿	臭椿	*Ailanthus altissima* (Mill.) Swingle	中国特有
22	木樨科	女贞属	女贞	*Ligustrum lucidum* W. T. Aiton	中国特有
23	荚蒾科	荚蒾属	短序荚蒾	*Viburnum brachybotryum* Hemsl.	中国特有
24	禾本科	簕竹属	慈竹	*Bambusa emeiensis* L. C. Chia & H. L. Fung	中国特有

附录四　本期监测样地外来入侵植物名录

序号	科	属	中文名	学名
1	菊科	飞蓬属	小蓬草	*Erigeron canadensis* L.

附录五　贵州赤水桫椤国家级自然保护区功能区划图

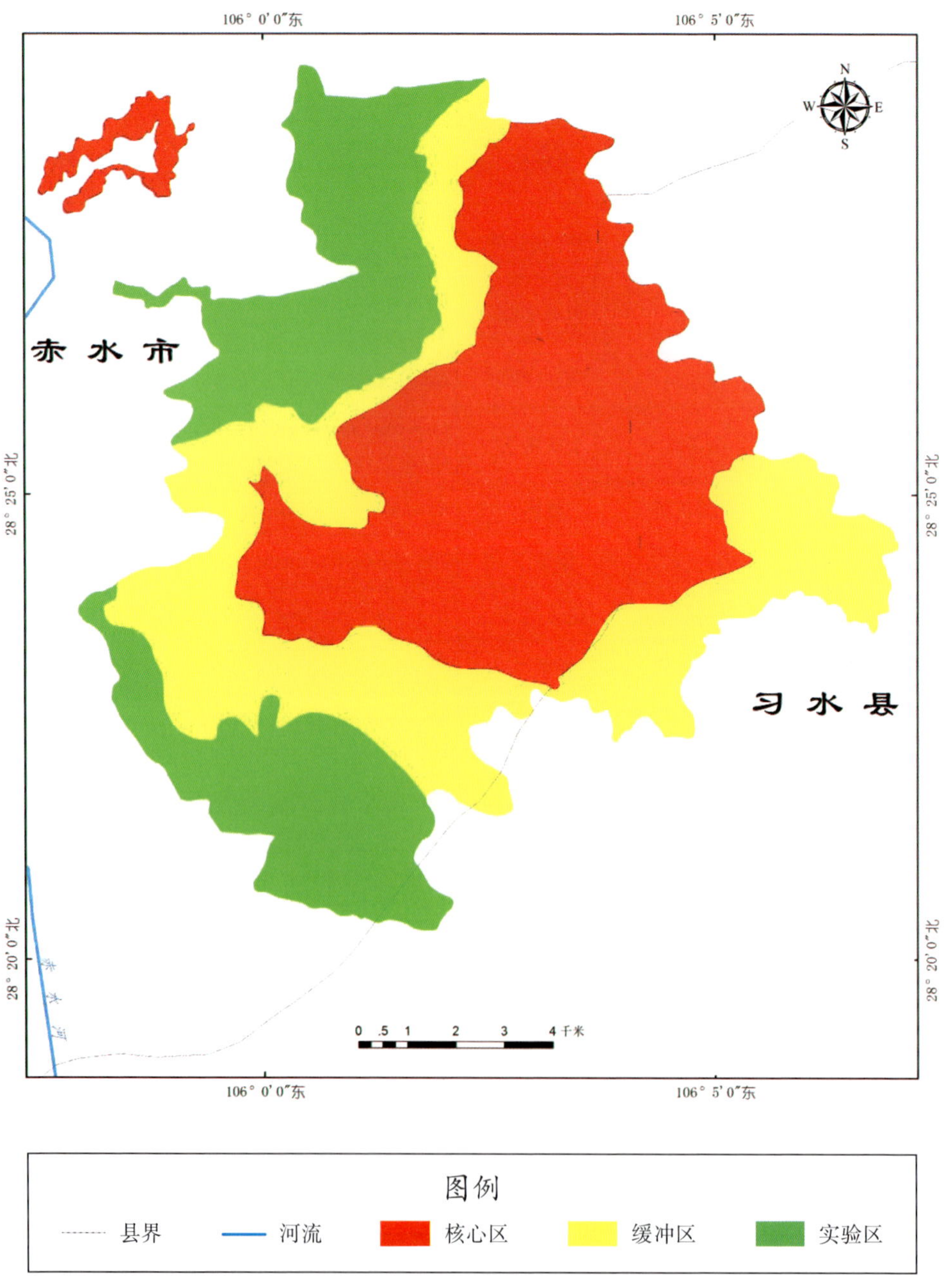

附录六　贵州赤水桫椤国家级自然保护区遥感影像图

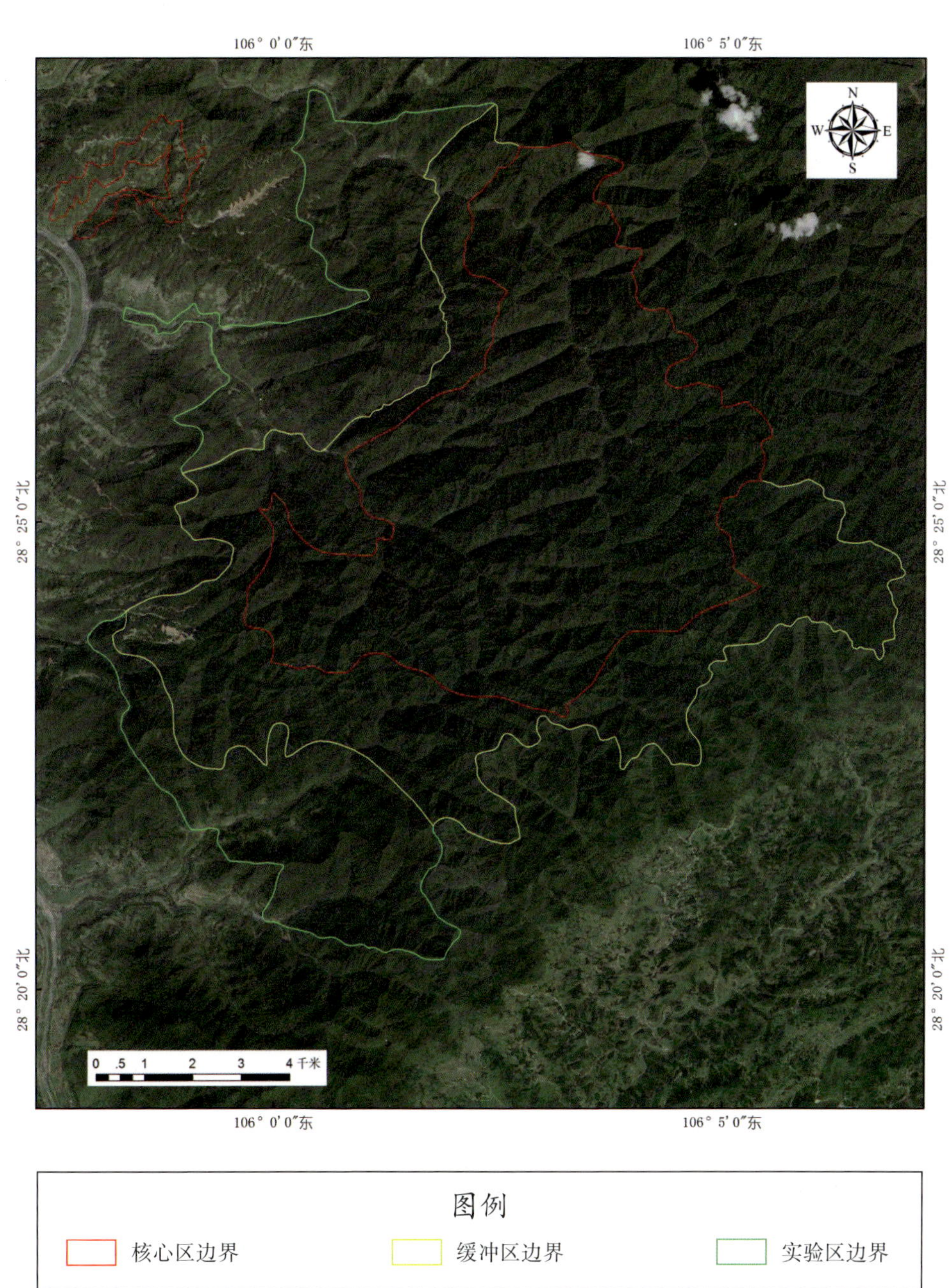

图例

核心区边界　缓冲区边界　实验区边界

附录七 贵州赤水桫椤国家级自然保护区植物多样性监测总体布局图

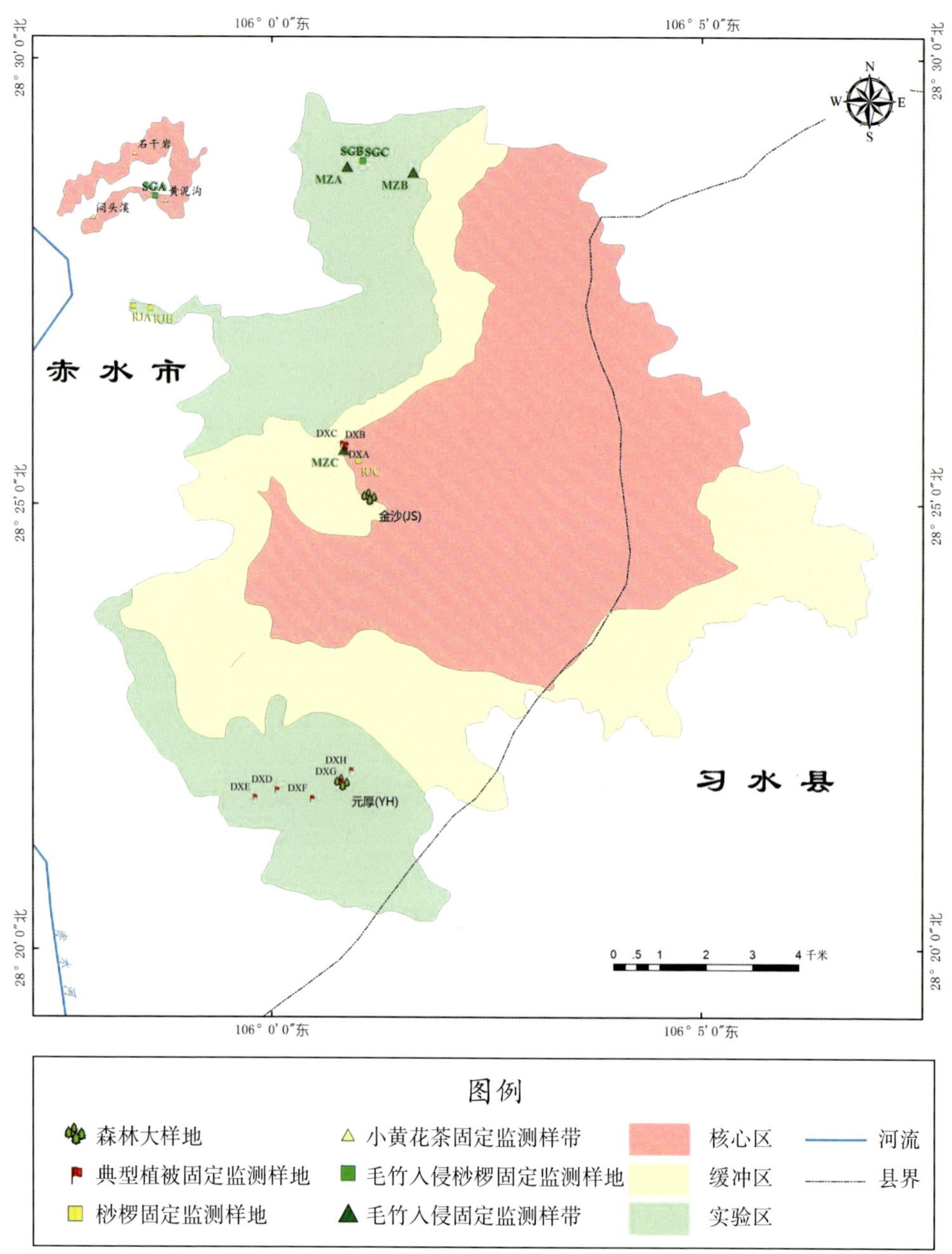

附录八　工作照片

金沙大样地

样地勘查(1)

样地勘查(2)

样地勘查(3)

样地测绘(1)

样地测绘（2）

样地测绘（3）

调查挂牌

样地调查(1)

样地调查(2)

样地调查(3)

样地调查(4)